职业教育通识课程系列教材

FUNDAMENTALS AND APPLICATIONS OF PHOTOVOLTAIC POWER GENERATION

光伏发电基础及应用

◎ 总主编　周永平

◎ 主　编　方志兵　谭千盛

◎ 副主编　马　力　魏晶星　肖　琼

重庆大学出版社

图书在版编目（CIP）数据

光伏发电基础及应用 / 方志兵, 谭千盛主编.
重庆: 重庆大学出版社, 2025.1. -- (职业教育通识课
程系列教材). -- ISBN 978-7-5689-4952-1
Ⅰ. TM615
中国国家版本馆CIP数据核字第2025W4U103号

职业教育通识课程系列教材

光伏发电基础及应用

GUANGFU FADIAN JICHU JI YINGYONG

总主编：周永平
主　编：方志兵　谭千盛
副主编：马　力　魏晶星　肖　琼
策划编辑：陈一柳

责任编辑：谭　敏　　　版式设计：陈一柳
责任校对：谢　芳　　　责任印制：赵　晟

*

重庆大学出版社出版发行
出版人：陈晓阳
社址：重庆市沙坪坝区大学城西路21号
邮编：401331
电话：（023）88617190　88617185（中小学）
传真：（023）88617186　88617166
网址：http://www.cqup.com.cn
邮箱：fxk@cqup.com.cn（营销中心）
全国新华书店经销
重庆市正前方彩色印刷有限公司印刷

*

开本：787mm×1092mm　1/16　印张：9.75　字数：201千
2025年1月第1版　　2025年1月第1次印刷
ISBN 978-7-5689-4952-1　定价：48.00元

前　言
PREFACE

本书以信息技术普及为主体，以光伏发电技术为知识载体，主要作为中职中专、普通初高中、高职高专通识类教材，同时也可作为社会培训、知识科普、技能提升教育教学教材。读者通过学习，理解光伏发电技术的基础知识和应用能力，同时培养读者的知识探究能力及节能环保意识，树立正确的世界观、人生观、价值观。

本书内容围绕光伏发电基础及应用，分为光、光生电、电转换、建电站、技术普及应用共5个模块，按照由光源到电应用的一条主线，全面系统地介绍了光伏发电的基础知识及其应用。本书的阐述主要包括太阳光源的特性及分布、光转换成电的过程及光伏方阵结构、光伏发电系统中的主要设备、光伏电站的结构、光伏技术的应用五大内容。

本书主要有以下一些特点：

1.内容"新"

作者查阅了大量参考资料，并对行业进行了认真调研，按照新、客观、适用的原则对教材内容进行选材。教材内容编排合理，图文并茂，风格突出，吸引力强。

"优"

结构上，做到了既知识全面，又组织合理，并以"光伏发电的过程"

全书。教材中既有精深的专业知识，又有广博的知识面，培养了读者

维方式，提高自己的实用技能，以适应将来在社会上从事职业岗位的要求。

3. 方式"巧"

以"目录知结构、内容学知识"为原则，以"把知识讲全面、把原理讲简单"为要求，以"学习引入、学习目的、学习探究、学习评价、学习延伸"为载体，让读者通过学习达到理解知识、提高能力、培养素质的目的。

本书由重庆市教育科学研究院周永平担任总主编，重庆市经贸中等专业学校方志兵、重庆市永川职业教育中心谭千盛担任主编，重庆市石柱职教中心马力、重庆市经贸中等专业学校魏晶星、肖琼担任副主编。全书得到了杨清德教授及其专家工作室、重庆文理学院欧汉文教授、重庆财经职业技术学院刘远全教授、重庆水利电力职业技术学院李文静副教授的指导，他们给编者提出了很多修改建议，在此一并表示诚恳的谢意。

由于教学改革的不断开展，加之编者水平有限，书中难免存在疏漏之处，恳请广大读者批评指正。

编　者

2023 年 1 月

目 录
CONTENTS

1　万丈光芒都是源

　　来自地球外部天体的能源主要是太阳能，太阳能是太阳中的氢原子核在超高温时聚变释放的巨大能量，人类所需的能量绝大部分都直接或间接地来自太阳，如图 1-0-1 所示。我们生活所需的煤炭、石油、天然气等化石燃料以及水能、风能、波浪能、海流能等再生能源都是由太阳能转换来的。人类已经掌握了包括光伏发电在内的很多项太阳能技术，学习太阳能技术可帮助我们更好地利用太阳能资源。

图 1-0-1　太阳能源

1.1　春去秋来

地球的绕日运动

『学习情景』

　　春夏秋冬，四季轮回，大地万物看似没什么改变，却都在潜移默化中发生了微妙的变化。仿佛一直不变的是每天从东边升起和从西边落下的太阳。是什么让我们感受到了春去秋来？又是什么让太阳东升西落呢？让我们一起来探索吧！

『学习目标』

1. 学习昼夜及一天的太阳光的变化。
2. 学习不同地区和不同季节光热的不同。
3. 感知"日地运动"规律，提高"绿色环保"意识。

『学习探究』

太阳是万物之母，能源之"源"，它为地球提供着巨大的能量，能量以电磁波的形式向四周放射，这种现象被称为太阳辐射。人类所需能量的绝大部分都直接或间接地来自太阳，比如太阳维持着地表温度，促进了地球上的水、大气运动和生物活动；太阳直接为各种生物的生长发育提供光、热资源等。

 做一做

太阳高度测量

准备：
一根笔直的棍子、细线、量角器

第一步：
找一个太阳光线充足的日子，将棍子立起来，顶端拉根细线

第二步：
用量角器测量棍子与地面是否垂直，如果不垂直将其调至垂直

第三步：
将绳子的另一端拉直，固定在影子的末端

第四步：
用量角器测出绳子与地面的夹角就是太阳高度角

1. 宇宙中的家——太阳系

我们生活在银河系里一个宁静的角落，我们的家是太阳系，一个 45 亿年的构造，绕着银河系中心，以 20 万 km/h 的速度公转，每 2.5 亿年绕银河系公转一周。我们的恒星是太阳，位于太阳系中心，如图 1-1-1 所示。

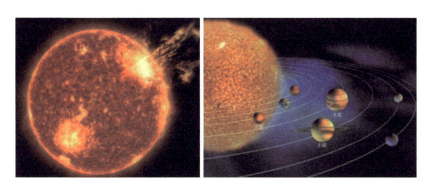

图 1-1-1 太阳与太阳系

太阳是太阳系的中心天体，它的质量占太阳系总质量的 99.865%。太阳也是太阳系里唯一自己发光的天体，它给地球带来光和热。如果没有太阳光的照射，地面的温度将会很快地降低到接近绝对零度。由于太阳光的照射，地面平均温度才会保持在 14 ℃ 左右，形成了人类和绝大部分生物生存的条件。除了核能、地热和火山爆发的能量外，地面上大部分能源均直接或间接与太阳有关。

2. 昼夜交替

众所周知,地球每天绕着通过南极和北极的"地轴"自西向东自转一周。每转一周(360°)为一昼夜,一昼夜又分为24小时,所以地球每小时自转15°。从北极上空看地球是逆时针转动,从南极上空看地球是顺时针转动。地球的自转如图 1-1-2 所示。

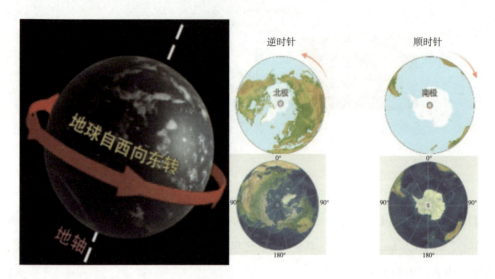

图 1-1-2　地球的自转

由于地球是一个不透明、不发光的球体,太阳在同一时刻只能照亮地球的一半。被太阳照亮的半个地球称为昼半球。夜半球是指未被太阳照射到的那一部分,所以表现出来的是黑夜,地球的自转引发白天和黑夜的交替出现。昼半球与夜半球如图 1-1-3 所示,白天和黑夜之间会有一条分界线,这条线称为晨昏线。

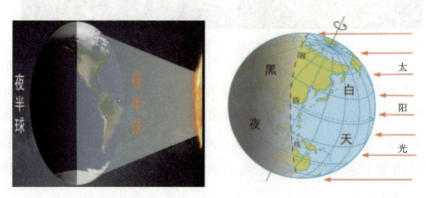

图 1-1-3　昼半球与夜半球

太阳高度角和光热变化关系

太阳光线与地平面的夹角称为太阳高度角,当太阳高度角为 90° 时,太阳辐射强度最大;太阳斜射地面程度越大(即太阳高度角越小),太阳辐射强度就越小。在地球自转运动的影响下,同一天中某地的太阳高度角的最大值出现在正午时分。

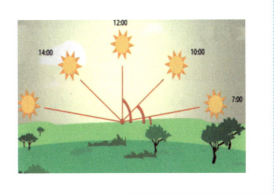

3. 四季轮回

地球除了绕地轴自转外(自转一周约 24 小时),还在椭圆形轨道上围绕太阳公转,太阳位于该椭圆轨道的一个焦点上,该椭圆轨道称为黄道,运行一周为 1 年,约 365 天。地球自转轴与椭圆轨道平面(称黄道平面)的夹角为 66°34′。地轴在空间的方位始终不变,因而赤道平面与黄道平面的夹角为 23°26′(23.45°)。造成了太阳光线垂直照射在地球表面的位置一年中在 ±23°26′ 纬度之间变化,这就是我们能够感受到的四季轮回。黄赤交角示意图如图 1-1-4 所示。

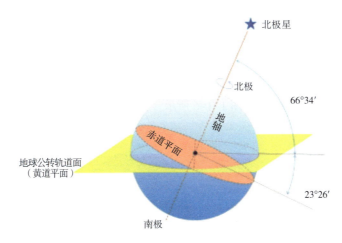

图 1-1-4 黄赤交角示意图

太阳直射的范围，最北到达北纬23°26′，最南到达南纬23°26′。北半球夏至日（6月22日前后），太阳直射在北纬23°26′，之后太阳直射点逐渐南移。到了秋分日（9月23日前后），太阳直射赤道。冬至日（12月22日前后）太阳直射在南纬23°26′，之后太阳直射点逐渐北返。春分日（3月21日前后），太阳直射赤道。到了夏至日，太阳再次直射北纬23°26′。太阳直射点在南北回归线之间的往返运动，称为太阳直射点的回归运动。

冬至是北半球全年中白天最短、黑夜最长的一天，过了冬至，白天就会一天天变长。夏至这天，太阳直射地面的位置到达一年的最北端，几乎直射北回归线（北纬23°26′28″44），北半球的白昼达最长，且越往北越长。回归时间示意图如图1-1-5所示。

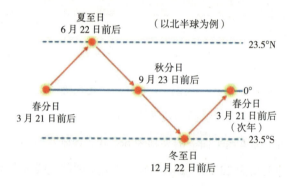

图1-1-5　回归时间示意图

太阳直射点的移动，使地球表面接受到的太阳辐射能量因时因地而变化。这种变化可以用昼夜长短和正午太阳高度的变化来定性地描述。昼夜长短反映了日照时间的长短；正午太阳的高度是一日之内的最大太阳高度，此时的太阳辐射最强。除赤道以外，全球同纬度地区，昼夜长短和正午太阳高度随季节的变化而变化，太阳辐射也随季节变化呈现有规律的变化，形成了四季。二至二分示意图如图1-1-6所示。

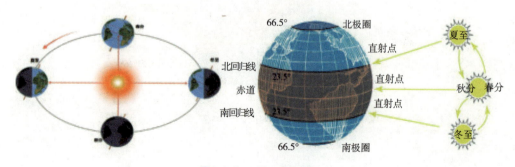

图1-1-6　二至二分示意图

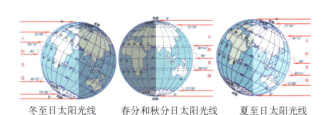

冬至日太阳光线　　春分和秋分日太阳光线　　夏至日太阳光线

四季与太阳光热变化

从天文含义看四季，夏季是一年内白昼最长、太阳高度最高的季节，也是获得太阳辐射最多的季节；冬季是一年内白昼最短、太阳高度最低的季节，也是获得太阳辐射最少的季节；春季和秋季是冬、夏两季的过渡季节，获得的太阳辐射居中。

4. 从太阳看世界

如果太阳直射点所在纬度的正午太阳高度角最大为90°，从直射点所在纬度向南北两侧移动，正午太阳高度角逐渐变小。所以，某地距直射点所在纬度越近，其正午太阳高度角越大；距直射点所在纬度越远，其正午太阳高度角越小。由此可知，地表各地的正午太阳高度角会随着太阳直射点的南北移动而产生规律性的变化。

根据太阳高度和昼夜长短随纬度的变化，接受太阳辐射量不同，将地球表面有共同特点的地区，按纬度划分为五个温度带，即热带、南温带、北温带、南寒带、北寒带。地球五带示意图如图 1-1-7 所示。

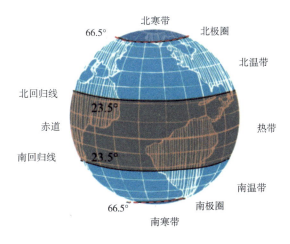

图 1-1-7　地球五带示意图

小提示

太阳高度角和光热变化关系

太阳能的分布与纬度高低有密切的关系。如果不考虑大气对太阳辐射的影响，太阳辐射与纬度的关系如右图所示，即年太阳总辐射量由赤道往极地递减。产生这种变化的原因是赤道附近终年平均正午太阳高度高，太阳辐射强。极地附近终年平均正午太阳高度低，太阳辐射弱。

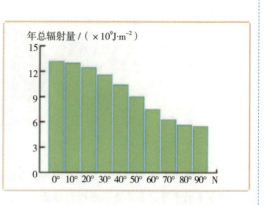

『学习总结』

1. 学完本内容后，你对地球自转产生"昼夜交替"现象的学习程度？

   能讲解□   能记住□   能理解□   不能理解□

2. 学完本内容后，你对地球公转产生"四季轮回"现象的学习程度？

   能讲解□   能记住□   能理解□   不能理解□

3. 对一天不同时间、一年不同季节和不同地区的太阳光变化，你能理解几个？

   3 个□   2 个□   1 个□   都不理解□

『学习延伸』

跟踪太阳能

随着新能源技术的不断发展，太阳能作为一种新兴能源受到了越来越多的重视。其中一个重要的技术就是太阳的跟踪控制。太阳的跟踪技术大致分为两类，一类是实时探测太阳对地位置，控制对日角度的被动式跟踪，主要是光电式跟踪；另一类是根据天文知识计算太阳位置以跟踪太阳的主动式跟踪，即视日运动轨迹跟踪。跟踪太阳能示意图如图1-1-8所示。

图 1-1-8　跟踪太阳能示意图

1. 光电式跟踪

光电式跟踪主要受天气的影响较大。虽然光电跟踪方式本身的精度较高，但是在阴天时，太阳辐照度较弱（而散射相对会强些），光电转换器很难响应光线的变化；在多云的天气里，太阳本身被云层遮住，或者天空中某处由于云层变薄而出现相对较亮的光斑时，光电跟踪方式可能会使跟踪器误动作，甚至会引起严重事故。对于太阳能发电来说，是可能在晴朗、阴天和多云等任何天气情况下进行的。光电跟踪能够在较好的天气条件下提供较高的精度，但是在气象条件差时跟踪结果不令人满意。

2. 视日运动轨迹跟踪

视日运动轨迹跟踪主要受当前的时间和地点影响较大。视日运动轨迹跟踪的原理是根据太阳运行轨迹，利用计算机（由天文学公式计算出每天中日出至日落每一时刻的太阳高度角与方位角参数）控制电机转动，带动跟踪装置跟踪太阳。此跟踪方式通常采用开环控制，由于太阳位置计算与地理位置（如纬度、经度等）和系统时钟密切相关，因此，跟踪装置的跟踪精度取决于两个因素：一是输入信息的准确性；二是跟踪装置参照坐标系与太阳位置坐标系的重合度，即跟踪装置初始安装时要进行水平和指北调整。

一般地，在聚光光伏发电的应用多采用校准的光筒，它可以阻止散射进入传感器，达到更精确的太阳位置探测。除此之外我们还要考虑跟踪的连续与断续地采集太阳光方位。也就是说，跟踪并不一定采用实时跟踪，而多采用间歇性调整方位角。

1.2 造"辐"人类

『学习情景』

万物生长都靠太阳，太阳对地球来说是一个永恒的能源。太阳辐射为地球提供光和热，为生物生长提供了环境，太阳的辐射为地球提供了水和大气循环的条件，也是其他能源的基础，可以说是造"辐"人类。我们应学习太阳辐射知识，提高光伏发电效率，更好地利用太阳能。太阳能资源利用如图 1-2-1 所示。

图 1-2-1　太阳能资源利用

『学习目标』

1. 认识太阳辐射及影响因素。

2. 学习太阳光谱及光谱的辐射特点。

3. 感知太阳能资源的特点，提高"节能环保"意识。

『学习探究』

太阳辐射是指太阳以电磁波的形式向外传递能量（太阳向宇宙空间发射的电磁波和粒子流）。太阳辐射所传递的能量，称太阳辐射能。到达地球大气上界的太阳辐射能量称为天文太阳辐射量。在地球位于日地平均距离处时，地球大气上界垂直于太阳光线的单位面积在单位时间内所受到的太阳辐射的全谱总能量，称为太阳常数。太阳常数的常用单位是 W/m^2。因观测方法和技术不同，得到的太阳常数可能不同。

做一做

简易太阳灶

第一步：
准备一个废旧的太阳能卫星锅，并把锅底表面清洁干净备用

第二步：
准备反光膜（学名叫铝箔胶带，最好是后面带粘胶的那种），将反光膜裁剪成小块

第三步：
将反光膜粘贴在锅底，直至反光膜贴满为止，尽量把反光膜铺平

第四步：
用一张废旧的报纸测试一下焦点的位置，阳光充足的情况下能点燃报纸

第五步：
在支架上固定一个废旧的易拉罐，易拉罐要装在焦点的位置。在阳光下观察温度的变化

1. 黑体辐射

黑体对于辐射来说是一个理想的吸收体或发射体。当它被加热后，开始发光；也就是说，

开始发出电磁辐射。一个典型的例子就是金属的加热。金属温度越高，发射的光的波长越短，发光的颜色由最初的红色逐渐变为白色。

图 1-2-2 描述了不同温度时在黑体表面所观测到的辐射能谱分布。最低的曲线表示的是被加热到 3 000 K 的黑体，温度大约是正常工作时白炽灯钨丝的温度。处于辐射能量峰值的波长约为 1 μm，属于红外波段。在这种情况下，在可见光波段（0.4~0.8 μm）只有少量的能量发射，这正是白炽灯效率低下的原因。将辐射峰值波长移动到可见光谱内可以发现，其值可以产生极高的温度，超过绝大部分金属的熔点。

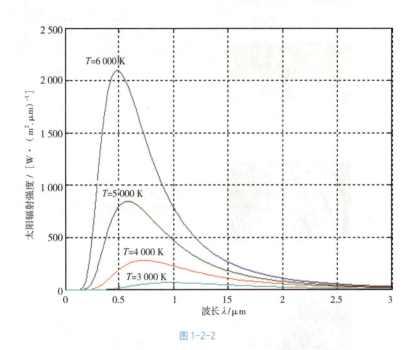

图 1-2-2

图 1-2-3　太阳结构

2. 太阳辐射

太阳是一个巨大炽热的气体球，主要成分是氢和氦，其表面温度约为 6 000 K。太阳源源不断地以电磁波的形式向四周放射能量，这种现象被称为太阳辐射。太阳辐射的能量是巨大的，尽管只有 22 亿分之 1 到达地球，但是对于地球和人类的影响却是不可估量的。太阳的结构如图 1-2-3 所示。

读一读

太阳内部能量来源

太阳能量来源于太阳内部的核聚变反应。太阳内部在高温、高压的环境下，4 个氢原子核经过一连串的核聚变反应，变为 1 个氦原子核。在这个核聚变过程中，原子核质量出现了亏损，其亏损的质量转化成了能量。太阳每秒钟由于核聚变而损耗的质量，大约为 400 万 t。在过去 50 亿年的漫长时间里，太阳因核聚变损耗的质量是它本身质量的 0.03%。目前太阳正处于稳定的旺盛时期。

地球大气外的太阳辐射能基本上是一个常数，经过大气层后，要受到一系列因素的影响，实际到达地球表面的太阳辐射能将有所衰减，太阳辐射能量损耗如图 1-2-4 所示。一般说来，晴朗天气，赤道上空直射时的太阳辐射能只有大气层外的 60%~70%；而阴雨下雪天，地球表面只能接收到一些散射光。据估计，太阳辐射中，反射回宇宙的能量约占总量的 30%，被吸收的约占 23%，其余约 47% 才能到达地球的陆地和海洋表面。

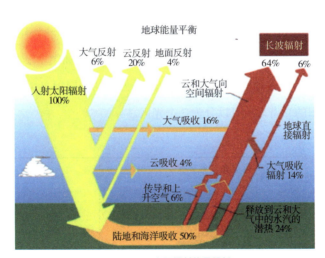

图 1-2-4 太阳辐射能量损耗

 读一读

温室效应

为了保持地球的温度，地球从太阳获得的能量必须与地球向外的热辐射能量相等。与阻碍入射辐射类似，大气层也阻碍向外的辐射。水蒸气强烈吸收波长为 4~7 μm 波段的光波，而 CO_2 主要吸收的是 13~191 μm 波段的光波。大部分的出射辐射（70%）从 7~13 μm 的"窗

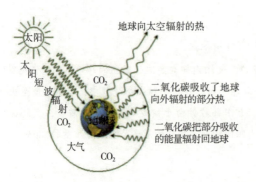

口"逃逸。

如果人们居住的地表像月球一样没有大气层，地球表面的平均温度将在 -18 ℃ 左右。然而，大气层中有天然背景水平为 270 ppm（浓度单位，即百万分之一）的 CO_2，这使得地球的平均温度大约在 15 ℃，比月球表面平均温度高出 33 ℃。

人类的活动增加了大气中"人造气体"的排放，这些气体吸收波长的范围为 7~13 μm，特别是二氧化碳、甲烷、臭氧、氮氧化合物和氯氟碳化物（CFCI）等。这些气体阻碍了能量的正常逃逸，并且被广泛认为是造成地表平均温度升高的原因。可以预见，温室效应对人类和自然环境将产生大范围的严重影响。为了保持地球的温度，地球从太阳获得的能量必须与地球向外的热辐射能量相等。

3. 太阳辐射光谱

太阳以光辐射的形式将能量传送到地球表面，但由于地球大气层的存在，到达地面的太阳光谱与大气上界的太阳光谱有所不同，其辐射光谱分布如图 1-2-5 所示。如图 1-2-6 所示，箭头所指的位置代表被相应气体吸收的部分太阳的光辐射是由不同波长的光波组成的。根据波长，太阳的光谱大致可以分为 3 个光区。

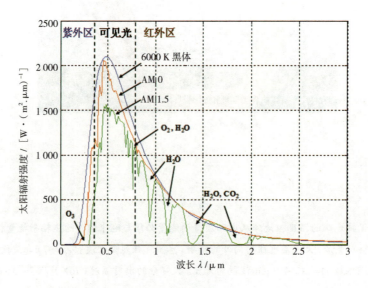

图 1-2-5　太阳辐射强度

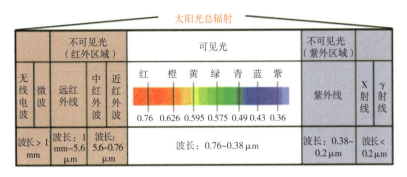

图 1-2-6 太阳辐射光谱分布图

紫外光谱不可见光，波长小于 0.4 μm，有杀菌作用，但大量波长短于 0.3 μm 的紫外线对植物生长有害，紫外光谱约占太阳光辐射能量的 8.3%。可见光谱又分为红、橙、黄、绿、青、蓝、紫七种单色光谱，波长为 0.4~0.76 μm，见表 1-2-1，植物生长（光合作用）取决于可见光谱部分，可见光谱区的能量约占 40.3%。红外光谱波长大于 0.76 μm，波长超过 0.8 μm 的红外线不能引起光化学反应（光合作用），仅能提高植物的温度并加速水分的蒸发，红外光谱区的能量约占 51.4%。

表 1-2-1 不同颜色光波长

颜 色	红	橙	黄	绿	青	蓝	紫
波 长	700 nm	620 nm	580 nm	510 nm	495 nm	470 nm	420 nm
光谱范围	640~750 nm	600~640 nm	550~600 nm	500~550 nm	480~500 nm	450~480 nm	400~450 nm

📖👤 小提示

不同光区的辐射能

光 区	紫外光区	可见光区	红外光区
波长范围 / μm	0~0.40	0.40~0.76	0.76~∞
相应的辐射能流密度 /（$W \cdot m^2$）	95	640	618
所占总能量的百分数 /%	8.3	40.3	51.4

4. 影响太阳辐射的因素

太阳辐射强度是指到达地面的太阳辐射的强弱。大气对太阳辐射的吸收、反射、散射作用，大大削弱了到达地面的太阳辐射。但尚有诸多因素影响太阳辐射的强弱，使到达不同地区的太阳辐射的多少不同。影响太阳辐射强弱的因素主要有以下四个，见表1-2-2。

表1-2-2　影响太阳辐射的因素

影响因素	影响情况	图　示
纬度位置	纬度低则正午太阳高度角大，太阳辐射经过大气的路程短，被大气削弱得少，到达地面的太阳辐射就多；反之，则少	
天气状况	晴朗的天气，由于云层少且薄，到达地面的太阳辐射就强；阴雨的天气，由于云层厚且多，到达地面的太阳辐射就弱	
海拔高低	海拔高，空气稀薄，大气对太阳辐射的削弱作用弱，到达地面的太阳辐射就强；反之，则弱	
日照长短	日照时间长，获得太阳辐射强；日照时间短，获得太阳辐射弱	

 小提示

太阳辐射功率

太阳在单位时间内以辐射形式发射出的能量称太阳的辐射功率，也叫辐射通量，它的单位是瓦特（W）。投射到单位面积上的辐射通量叫辐照度，单位是瓦／米²（W/m²）。从单位面积上接收到的辐射能称为曝辐射量，单位为焦耳／米²（J/m²）。

太阳是一颗自己能发光的气体星球，其内部不断进行着热核反应，因而每时每刻都在稳定地向宇宙空间发射能量。正因为有太阳的巨大能量对地球的影响和科学技术的发展，人类对太阳能的利用越来越多。而太阳正源源不断地向地球发送能量造福人类。

『学习评价』

1. 学完本内容后，对太阳能辐射掌握情况如何？

能讲解□   能记住□   能理解□   不能理解□

2. 你能讲出几个太阳能辐射影响的因素？

3个及以上□   1个至2个□   一个都不能□

3. 学完本节以后，能理解大气对太阳能辐射的影响吗？

能应用□   能理解□   不能理解□

4. 学完本节以后，你觉得大气层会对光伏发电有影响吗？

有影响□   无影响□

『学习延伸』

巨大的太阳能资源

太阳不停地向宇宙空间各个方向均匀地发射其内部产生的能量，其总量平均每秒钟即达 4.05×10^{26}J，相当于每秒钟 1.32×10^{16}t 标准煤燃烧所放出的热量。太阳不断地辐射能量，也不断地消耗氢，但是太阳中氢的含量极为丰富，按目前太阳热核聚变的耗氢速率估计，还足够维持上百亿年，所以太阳称得上是一个取之不尽，用之不竭的永久性能源库。太阳能资源如图 1-2-7 所示。

图 1-2-7 太阳能资源

根据理论推算，地球大气上界每秒钟所接收的太阳能仅为太阳总辐射能的 22 亿分之一。尽管如此，每秒钟也有 1.765×10^{17}J 之多，折合约 600 万 t 标煤燃烧所放热量，也相当于 1.723×10^{17}W 的功率。由此可知，地球每年接收来自太阳的能量约为 1.51×10^{18}kW/h，此数值是目前全世界每年消耗的总能量的数万倍。实际上，真正到达地球表面的太阳辐射能只有 $8.5 \times 10^{16}\,\mathrm{W}$ 左右。

到达地球表面的太阳辐射能大体分为三个部分：一部分转变为热能（约 $4.0 \times 10^{16}\,\mathrm{W}$），使地球的平均温度大约保持在 $15\,\mathrm{℃}$，造成适合各种生物生存和发展的自然环境；另一部分使地球表面的水不断蒸发，造成全球每年约 $50 \times 10^{16}\,\mathrm{km^3}$ 的降水量，其中大部分降水进入海洋，少部分降水进入陆地，因此形成了云、雨、雪、江、河、湖；太阳辐射能中还有一小部分（约 $3.7 \times 10^{14}\,\mathrm{W}$）用来推动海水及大气的对流运动，这便是海流能、波浪能、风能的由来；还有更少一部分（约 $4 \times 10^{13}\,\mathrm{W}$）的太阳能被植物叶子的叶绿素所捕获，成为光合作用的能量来源。

1.3 "光"大物博

太阳光资源分布

『学习情境』

太阳能光伏发电作为可再生绿色能源的主要发展对象，对其进行开发利用是目前人类调整能源消费结构、缓解能源危机、改善生态环境的有效途径。太阳是一颗自己能发光的气体星球，其内部不断进行着热核反应，因而每时每刻都在稳定地向宇宙空间发射能量。我国疆土辽阔，太阳光资源丰富，可谓是"光"大物博。学习太阳光资源分布情况，对太阳能资源的开发利用有着重要的指导意义。图1-3-1为太阳能资源利用示意图。

图 1-3-1 太阳能资源利用

『学习目标』

1. 学习世界太阳光资源分布。

2. 学习我国太阳光资源分布情况。

3.感知我国丰富的太阳光资源，增强领土保护意识。

『学习探究』

1. 世界太阳光资源分布

丰富的太阳光资源是发展太阳能发电的首要条件。根据国际太阳能热利用分类，全世界太阳光辐射强度和日照时间最佳的国家和区域在北非、中东地区、美国西南部和墨西哥、南欧、澳大利亚、南非、南美洲东、西海岸和中国西部等，如图 1-3-2 所示。

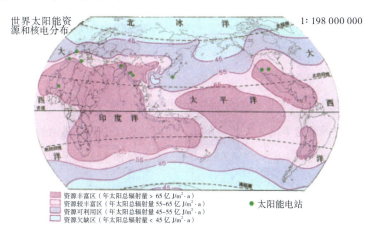

图 1-3-2 全球太阳光资源分布图

太阳光资源的丰富程度一般以单位面积的全年总辐射量和全年日照总时数来表示，太阳光资源分布与各地的纬度、海拔高度、地理状况和气候状况有关。就全球而言，美国西南部、非洲、澳大利亚、中国西藏、中东等国家和地区的全年总辐射量或日照总时数最大，为世界太阳光资源最丰富地区。

 读一读

世界上使用太阳能资源较多的国家

根据国际可再生能源署发布的 2020 年全球光伏装机容量数据显示，全球光伏装机容量为 709.7 GW，其中，中国 253.8 GW（中国占比为 35.8%），欧盟 150.5 GW，美国 73.8 GW。同时，全球使用太阳能资源较多的国家有中国、美国、日本、德国、意大利、印度、英国、法国、澳大利亚、西班牙、比利时、韩国等。

2. 我国太阳光资源分布

我国地处北半球，土地辽阔，幅员广大，有着十分丰富的太阳光资源，2/3 以上的地区太阳光资源较好，如图 1-3-3 所示。

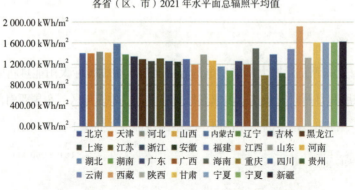

图 1-3-3　我国太阳光资源分布图

由图 1-3-3 可见，太阳光资源的分布具有明显的地域性，我国的西藏、新疆、甘肃、内蒙古一带太阳光资源最为丰富，华北、东北、华南及长江中下游平原的太阳光资源与同纬度的北美洲相比，资源较为丰富，仅重庆、四川、贵州等地的太阳光资源较少。

 做一做

你的家乡太阳光资源利用情况如何？

查阅相关资料或网络搜索，你的家乡属于太阳光资源分布第几类地区？太阳光资源的利用情况如何？

太阳光资源受日地距离（日地运动）、气候条件及地理位置等因素的综合影响，不同季节、不同气候条件下，地球上不同地区的太阳光资源分布各不相同。根据我国太阳光资源分布及太阳能划分标准，我国太阳光资源分布大致可划分为五类地区，见表 1-3-1。

表 1-3-1　太阳光资源分布划分

地区类型	年日照时数 /h	年辐射总量 / (MJ·m⁻²)	包括的主要地区	备　注
一类地区	3 200~3 300	6 680~8 400	西藏西部、新疆南部、甘肃北部、青海西部、宁夏北部	太阳光资源最丰富地区
二类地区	3 000~3 200	5 852~6 680	河北西北部、山西北部、内蒙古南部、宁夏南部、甘肃中部、青海东部、西藏东南部、新疆南部	较丰富地区
三类地区	2 200~3 000	5 016~5 852	山东、河南、河北东南部，山西南部、新疆北部、吉林、辽宁、云南、陕西北部、甘肃东南部、广东南部	中等地区

地区类型	年日照时数 /h	年辐射总量 /（MJ·m^{-2}）	包括的主要地区	备　注
四类地区	1 400~2 000	4 180~5 016	湖南、广西、江西、浙江、湖北、福建北部、广东北部、陕西南部、安徽南部	较差地区
五类地区	1 000~1 400	3 344~4 180	四川、贵州、重庆	最差地区

📖💬 小提示

太阳总辐射和日照时数

太阳总辐射由太阳直接辐射与散射辐射组成，是反映一个地区太阳光资源丰富程度的重要指标。日照时数是指太阳光每天在垂直于其光线平面上的辐射强度超过或等于 120 W/m^2 的时间长度。日照时数是影响地面获得太阳能量的一个重要因素。在太阳辐照度水平相近的区域，正常情况下日照时数越长，则地面所获得的有效太阳辐射能量就越多。

在一、二、三类地区，年日照时数大于 2 200 h，太阳年辐射总量高于 5 016 MJ/m^2，是中国太阳光资源丰富或较丰富的地区，面积较大，约占全国总面积的 2/3 以上，具有利用太阳能的良好条件。尤其是青藏高原地区最大，这里平均海拔高度在 4 000 m 以上，大气层薄而清洁，透明度好，纬度低，日照时间长。例如被称为"日光城"的拉萨市，1961—1970 年的年平均日照时间为 3 005.7 h，相对日照为 68%，年平均晴天为 108.5 d、阴天为 98.8 d，年平均云量为 4.8，年太阳总辐射量为 8 160 MJ/m^2，比全国其他省区和同纬度的地区都高。

在四、五类地区，四川、贵州和重庆市的太阳年辐射总量最小，尤其是四川盆地，那里雨多、雾多、晴天较少。如素有"雾都"之称的重庆市，2022 年，晴天只有 52 d、阴天及多云天 209 d，雨天 101 d。虽然太阳光资源条件较差，但是也有一定的利用价值，其中有的地方是有可能开发利用的。总之，从全国来看，中国是太阳光资源相当丰富的国家，在发展太阳能利用方面具有得天独厚的优越条件。

我国太阳光资源分布特点，一是太阳光的高值中心和低值中心都处在北纬 22°~35° 这一带，青藏高原是高值中心，四川盆地是低值中心；二是太阳年辐射总量，西部地区高于东部地区，除西藏和新疆两个自治区外，基本上是南部低于北部；三是由于南方多数地区多云多雨，在北纬 30°~40°，太阳光的分布情况与一般的太阳光随纬度而变化的规律相反，太阳光不是随着纬度的升高而减少，而是随着纬度的升高而增加。四是太阳光资源与各地的纬度、海拔高度、地理状况和气候状况有关。

读一读

国内太阳光资源分布与国外类似地区的对照

一类地区太阳光资源最为丰富，相当于 225 285 kg 标准煤燃烧所发出的热量，其中，西藏西部的太阳光资源最为丰富，全年日照时数达 2 900~3 400 h，年辐射总量高达 7 000~8 000 MJ/m²，仅次于撒哈拉沙漠，居世界第二位，与印度和巴基斯坦北部类似；二类地区相当于印度尼西亚的雅加达一带；三类地区相当于美国的华盛顿地区；四类地区相当于意大利的米兰地区；五类地区太阳光资源最少，相当于欧洲的大部分地区。

『学习总结』

1.学完本内容后，你知道全球太阳光资源分布最佳的区域吗？

知道☐　　　知道一部分☐　　　不知道☐

2.学完本内容后，你知道我国太阳光资源的划分情况吗？

知道☐　　　知道一部分☐　　　不知道☐

『学习延伸』

太阳能资源评估

太阳能辐射数据可以从县级气象台取得，也可以从中国气象局取得。从中国气象局取得的数据为水平面的辐射数据，包括水平面总辐射、水平面直接辐射和水平面散射辐射。

太阳能资源数据主要包括各月的太阳能总辐射量（辐照度）或太阳能总辐射量和辐射强度的每月平均值。与其相关的气候状况的数据主要包括年平均气温、年平均最高气温、年平均最低气温、一年内最长连续阴天数（含降水或降雪天）、年平均风速、年最大风速、年冰雹次数、年沙暴日数。其中，太阳能总辐射量的各月数值是必不可少的。此外，还应提供上述各项数据最近 5~10 年的累计数据，以评估太阳能资源数据和气候状况数据的有效性。

图 1-3-4　光伏电站气候监测

将气象台或相关部门提供的太阳能资源数据用于光伏系统设计时，在某些情况下仍需对其有效性进行评估，如图 1-3-4 所示。例如，当一个具体场地的太阳能资源数据不够完整或缺少多年的累积数据后，就必须对太阳辐射的有效性和量值进行评估。还有一种情况，虽然当地的太阳能资源数据比较完整，而且太阳辐射情况也较好，但由于候选场地处于多山地区或附近存在明显影响太阳辐射的地形地貌。在这种情况下要通过研究候选场地周围邻近地区的平均数据变化，来评估当地太阳能资源数据的有效性。另外还有一种情况，从气象部门得到的数据是水平面的数据，包括水平面直接辐射和水平面散射辐射，从而得到水平面上总辐射量数据。但是，在光伏发电的实际应用中，为了得到更多的发电量和电池组件自清洁的需要，固定安装的方阵通常是倾斜的，这就需要计算得出倾斜面上的太阳能辐射量（通常要大于水平面上的辐射量）。但是，这一计算过程非常复杂，所以人们常常直接采用水平面上的数据，或者采用经验系数的方法进行简单换算，这对计算的精度产生了影响。

近些年来，已经开发了一些软件，不但可以方便地解决这些计算问题，其数据库中还往往储存有大量不同地区的太阳能辐射数据，并且某些还具有光伏系统分析设计功能。

1.4　用"光"思源

太阳能资源应用及发展

『学习情境』

随着全球气候变暖，生态环境的恶化以及不可再生资源的减少，全球开始研发新能源来代替石油、煤等不可再生资源进行发电，如核能发电、太阳能光伏发电、风力发电。目前，我国太阳能光伏发电装机容量占总容量的12%，是全球光伏发电装机容量最大的国家，每年新增装机占全球30%~40%，同时也是全球第一大光伏组件生产大国。为落实"碳达峰""碳中和"目标，预计到2030年我国非化石能源占一次能源消费比重将达到25%左右。

图 1-4-1　光伏发电与节能减排

『 学习目标 』

1. 学习太阳能光伏发电产业链构成。
2. 学习太阳能光伏发展历程。
3. 感知我国太阳能光伏发电世界领先，增强爱国情怀。

『 学习探究 』

1. 太阳能光伏发电产业链构成

太阳能光伏发电产业链包括硅料、硅片、电池组件、控制器件、应用系统等环节。这些环节分别对应上游、中游、下游，如图 1-4-2 所示。

图 1-4-2　光伏发电产业链构成

太阳能光伏发电上游产业链多指光伏原材料的加工环节，主要包括金属硅、多晶硅、硅片、银浆、PET 基膜、氟膜等，见表 1-4-1。

表 1-4-1　太阳能光伏发电上游产业链

上游链	作用	图示
金属硅	金属硅是用大自然中的硅石来冶炼的，硅石的成分是二氧化硅，即石英。目前，主流技术路线是晶体硅，另外一种路线是薄膜硅	
多晶硅	多晶硅按纯度不同分为工业硅、冶金级多晶硅、太阳能级多晶硅和电子级多晶硅。多晶硅料经过融化铸锭或者拉晶切片后，可做成多晶硅片和单晶硅片	
硅片	硅片是指把硅料拉成硅棒再切成薄片，硅片大尺寸化成为硅片发展的主要趋势	

续表

上游链	作　用	图　示
银浆	银浆是太阳能光伏电池的核心辅料，银浆是由高纯度（99.9%）金属银的微粒、玻璃氧化物、有机树脂、有机溶剂等组成的一种机械混合物的黏稠状浆料	
PET 基膜	PET 基膜是光电产业链前端重要的战略性材料之一，处于产业链的核心地位。在 PET 基膜表面涂覆各种功能性涂层，经过处理可用于改变光波传播的特性。PET 基膜和氟膜用于构成光伏组件背板	

 读一读

我国硅片产能情况

　　我国在硅片产能方面，2020 年全国硅片产量约 161.3 GW，同比增长 19.7%，以 156.75 mm 和 158.75 mm 硅片为主。其中，排名前五的企业产量占国内硅片总产量的 88.1%，且产能均超过 10 GW，在全球处于领先地位。

　　太阳能光伏发电中游产业链主要包括电池片、电池组件、蓄电池、汇流箱、逆变器等，见表 1-4-2。

表 1-4-2　太阳能光伏发电中游产业链

中游链	作　用	图　示
电池片	电池片具有光伏特效应，是构成光伏电池组件的核心。上游产业链中硅片和银浆用于构成电池片	
电池组件	电池片与光伏玻璃、EVA 胶膜、背板等通过层压，利用密封胶将边框内的层压件密封即构成电池组件。其作用是将太阳能转换成高效率的电能	

续表

中游链	作　用	图　示
蓄电池	蓄电池是用于储存太阳能组件传输的电能。在夜晚或光线较暗时蓄电池输出电能为负载供电	
汇流箱	汇流箱在光伏发电系统中是保证光伏组件有序连接和汇流功能的接线装置。该装置能够保障光伏系统在维护、检查时易于切断电路，当光伏系统发生故障时减小停电范围	
逆变器	逆变器又称电源调整器，逆变器不仅能把蓄电池中的直流电转变成交流电，还具有最大限度地发挥太阳电池性能的功能和系统故障保护功能	

　　太阳能光伏发电下游产业链是太阳能光伏系统应用，其应用场景主要有光伏照明、光伏通信、光伏交通、光伏电站等，见表1-4-3。

表1-4-3　太阳能光伏发电下游产业链

下游链	实际应用	图　示
光伏照明	光伏照明实际应用有太阳能路灯、太阳能景观灯、太阳能庭院灯、太阳能信号灯等	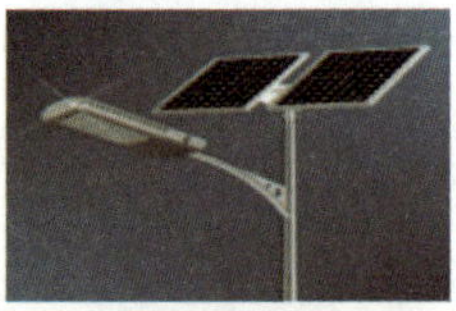
光伏通信	光伏通信实际应用有太阳能监控、太阳能电源、太阳能基站等	
光伏交通	光伏交通实际应用有太阳能交通指示灯、太阳能航标灯、太阳能充电桩	

续表

下游链	实际应用	图　示
光伏电站	光伏电站实际应用有屋顶光伏电站、农业光伏电站、沙漠光伏电站、建筑一体化光伏电站等	

 读一读

我国光伏应用市场

　　截至 2020 年，我国大型地面电站占比为 67.8%，分布式电站占比为 32.2%，其中户用光伏电站占分布式电站市场的 65.2% 左右。"十四五"初期，光伏发电将全面进入平价时代，随着光伏在建筑、交通等领域的融合发展，叠加"碳中和"目标的推动以及大基地的开发模式，集中式光伏电站将迎来新一轮发展热潮。

2. 太阳能光伏发展历程

　　光伏的最初发展来自全球对能源转型的需求，随着全球用电量的增加，能源危机逐渐凸显。而石油煤炭不可再生、核电水电发展受限，能源转型成为全球发展的必然趋势。在光伏发展初期，大多数国家采取补贴的手段来推动行业的发展，目前仍然有部分国家通过补贴等优惠政策推动光伏行业的发展。光伏行业发展至今，大致经历了 5 个阶段，如图 1-4-3 所示。

萌芽期　　　　　调整期　　　　　高速发展期
2004 年以前　　　2011—2014 年　　2019 年至今

发展初期　　　　发展期
2004—2011 年　　2014—2019 年

图 1-4-3　太阳能光伏发电大致经历阶段

　　太阳能光伏发电技术经历的 5 个阶段，可以追溯到 1839 年法国科学家贝克勒发现"光伏效应"开始，太阳能电池已经经过了 180 多年的漫长历史，从 2004 年德国率先推出光伏补贴政策并大规模商业化应用起，太阳能光伏发电进入发展初期，目前全球光伏发电正处于高速发展时期，每个阶段的特点见表 1-4-4。

表1-4-4 太阳能光伏发电各阶段特点

阶　段	时　间	特　点
萌芽期	2004 年以前	该时期经历了发现"光伏效应"，1959 年第一块太阳能电池问世，1978 年美国建成 100 kW 光伏电站，1997 年美国提出"百万太阳能屋顶计划"等。但成本高、价格昂贵、技术有限等因素限制了光伏发电的发展
发展初期	2004—2011 年	以德国为首的欧洲各国推出政府补贴政策，推动光伏产业大规模商业化发展。通过一段时间的扶持，光伏发电获得规模和技术突破
调整期	2011—2014 年	欧洲各国政府开始大幅降低和取消光伏补贴，光伏投资收益率的下行导致需求减少，同时行业的盲目扩张和欧洲债务危机也进一步加剧了供需失衡
发展期	2014—2019 年	光伏发电行业通过优胜劣汰后，光伏系统成本持续大幅下降，光伏投资回报重新获得平衡，全球更多国家加入支持光伏发电的行业，在中国具有技术研发优势、规模优势的大批企业涌现
高速发展期	2019 年至今	全球伴随光伏工艺技术的不断进步和成本改善，光伏发电在很多国家已成为清洁、低碳，同时具备价格优势的新能源形式，光伏开始进入全面平价时期，全球光伏发电市场有望开启新一轮高速增长

📩 读一读

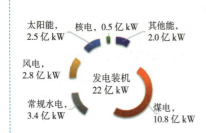

我国各类电源装机情况

截至 2020 年，我国各类电源发电装机总容量 22 亿 kW，总发电量达 7.62 万亿 kW·h。其中，煤电装机总容量占各类电源的 49%，太阳能发电占各类电源的 11%，是我国第三大电源装机，其他能指气能、生物质能、抽水等能源装机。

从全国看，截至 2020 年底，我国光伏发电累计装机规模已达 253.8 GW，新增装机规模 48.2 GW，新增装机同比增长约为 60%，已连续 6 年位居全球首位；在制造端各环节，组件产量、电池片、硅片、多晶硅同比分别增长 26.4%、22.2%、19.7% 和 14.6%。全国光伏累计装机容量及增长率如图 1-4-4 所示。

图 1-4-4 全国光伏累计装机容量及增长率

从各省市看，截至 2021 年 6 月底，全国累计光伏装机容量 267 GW，有 13 个省份累计装机规模超过 10 GW（1 000 万 kW）。其中，山东省以 26.1 GW 的累计装机规模位列第一，河北省以 23.7 GW 紧随其后，江苏省以 17.6 GW 排名第三，浙江省、青海省、安徽省、山西省位列第四至第七位，装机规模分别为 16.2 GW、15.9 GW、14.6 GW、13.4 GW，如图 1-4-5 所示。

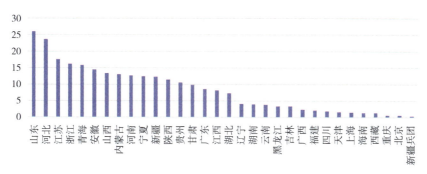

图 1-4-5　31 个省（自治区、直辖市）和新疆建设兵团光伏累计装机规模及排名（单位：GW）

从区域看，截至 2021 年 6 月底我国累计光伏装机容量 267 GW，华东和西北地区装机规模最大，两地区合计占全国装机总量的 55%，如图 1-4-6 所示。

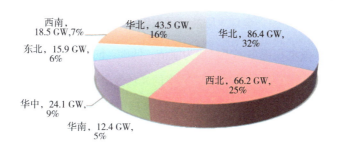

图 1-4-6　各区域光伏装机容量

2020 年，国内光伏新增装机 48.2 GW，创历史第二高，同比增加 60.1%。2020 年受疫情影响，上半年电站装机规模较小，主要集中在下半年，尤其是 12 月新增光伏装机规模达到 29.5 GW，创历史新高。2020 年 12 月 12 日，习近平主席在气候雄心峰会上宣布，到 2030 年中国非化石能源占一次能源消费比重将达到 25% 左右。为达到此目标，在"十四五"期间，我国光伏年度新增光伏装机或将为 70~90 GW。2013—2020 年国内光伏年度新增装机规模及 2021—2030 年装机规模预测如图 1-4-7 所示。

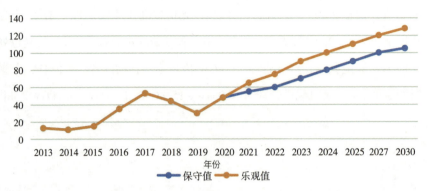

图 1-4-7　2013—2020 年国内光伏年度新增装机规模及 2021—2030 年装机规模预测（单位：GW）

『学习总结』

1. 学完本内容后，你对太阳能光伏发电产业链构成的掌握情况是：

能讲解□　　　能记住□　　　能理解□　　　不能理解□

2. 学完本内容后，你对我国太阳能光伏发展历程的掌握情况是：

能讲解□　　　能记住□　　　能理解□　　　不能理解□

『学习延伸』

全球太阳能光伏发电状况

从全球来看，光伏发电在很多国家已成为清洁、低碳，同时具有价格优势的能源形式，不仅在欧美日等发达地区，中东、南美等地区国家的光伏发电也快速兴起。国际能源署（IEA）发布的 2020 年全球光伏报告显示，截至 2020 年底，全球累计光伏装机 760.4 GW，如图 1-4-8 所示。2020 年各国光伏累计装机容量占比如图 1-4-9 所示。

图 1-4-8　全球累计光伏装机容量

图 1-4-9　2020 年各国光伏累计装机容量占比

2020 年全球新增太阳能光伏装机 126.7 GW，创历史新高。其中，有 20 个国家的新增光伏容量超过了 1 GW，中国、美国和欧盟分别以新增光伏容量 48.2 GW、19.2 GW 和 19.6 GW 的规模位列全球前三，其主要国家新增光伏装机容量如图 1-4-10 所示。

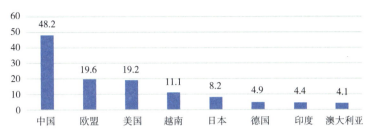

图 1-4-10　2020 年全球新增光伏装机容量排名前八的国家与地区（单位：GW）

在光伏发电成本持续下降的有利因素激励下，全球光伏市场将迎来快速增长，在多国"碳中和"目标、清洁能源转型及绿色复苏的推动下，预计"十四五"期间，全球每年新增光伏装机为 210~260 GW，从 2021—2030 年全球光伏发电新增装机规模预测大致如图 1-4-11 所示。

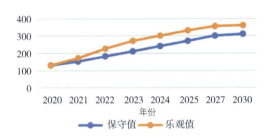

图 1-4-11　2021—2030 年全球光伏发电新增装机规模预测（单位：GW）

2　光生伏特产生电

　　使用太阳能和风能有助于减少对地球造成损害的温室气体排放，相较于其他能源，太阳能和风能的成本很低，并且会变得更低；如果我们使用更多的风能或太阳能，就能加速减少伤害地球的传统能源（如煤炭和石油）的使用量。除此之外，硅原子是世界储量第二大的原子（第一是氧原子）。实际上，大多数的沙子和石头是由硅和氧构成的，所以我们不可能因为制备太阳能电池用尽所有的硅。我们就利用这富有的硅原子为主要原材料做出光伏电池，将取之不尽用之不竭的太阳能转化成日常所需的电能。

2.1　光生伏特"班组"

光伏电池

『学习情境』

　　随着光伏发电的普及，人们在日常生活中对太阳能光伏发电的利用率越来越高，图2-1-1是在生活中观察到的一些景象，从外观上看这些光伏物体都有一个相同之处，让我们一起来探寻一下。

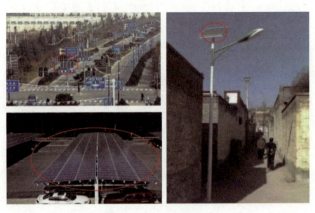

图 2-1-1　光伏的利用场景

『学习目标』

1. 学习常见的发电模式。
2. 学习光生电的发电过程。
3. 感受光伏电池技术，领悟新能源技术的科技魅力。

『学习探究』

1. 发电方式

电力工业是国民经济的重要基础工业，是国家经济发展战略中的重点和先导产业，它的发展是社会进步和人民生活水平不断提高的需要，中国作为一个电力大国，电力来源很多，有火电、水电、风电、太阳能、核电等。常见发电模式的比较如表 2-1-1 所示。

表 2-1-1　常见发电模式

发电模式	电磁派			光电派
	火力发电	水力发电	风力发电	光伏发电
优点	现阶段最普及、技术最成熟的发电模式	发电装机容量大、洁净无污染	属于新能源发电，洁净、无污染	干净的可再生的新能源
缺点	污染严重、利用率不高	前期投资太大、建设周期长	装机容量太小、受地域限制	不能连续发电、受天气影响大
能源特点	煤、石油、天然气等化石能源	水能、清洁可再生能源	风能、清洁可再生能源	光能、清洁可再生能源、能量大

火力发电是利用煤、石油、天然气等固体、液体、气体燃料燃烧时产生的热能，通过发电动力装置转换成电能的一种发电方式，如图 2-1-2 所示。能量转换为燃料化学能→蒸汽热能→机械能→电能，简单地说就是利用燃料发热，加热水，形成高温高压过热蒸汽，推动汽轮机旋转，带动发电机转子（电磁场）旋转，定子线圈切割磁力线，发出电能，再利用升压

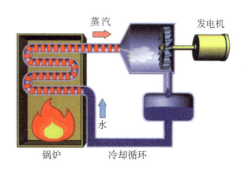

图 2-1-2　火力发电示意图

变压器，升到系统电压，与系统并网，向外输送电能，然后蒸汽沿管道进入汽轮机中不断膨胀做功，冲击汽轮机转子高速旋转，汽轮机带动发电机发电，最后又被给水泵进一步升压送回锅炉中重复参加上述循环过程，发电机发出的电经变压器升压后输入电网。

水力发电是利用河流、湖泊等位于高处具有势能的水流至低处，将其中所含势能转换成水轮机之动能，再借水轮机为原动力，推动发电机产生电能，如图 2-1-3 所示。利用水力（具有水头）推动水力机械（水轮机）转动，将水能转变为机械能，如果在水轮机上接上另一种机械（发电机）随着水轮机转动便可发出电来，这时机械能又转变为电能。水力发电在某种意义上讲，是水的位能转变成机械能，再转变成电能的过程。水力发电的基本原理是利用水位落差，配合水轮发电机产生电力，也就是利用水的位能转为水轮的机械能，再以机械能推动发电机，而得到电力。根据水位落差的天然条件，有效地利用流力工程及机械物理等，精心搭配以达到最高的发电量，供人们使用廉价又无污染的电力。

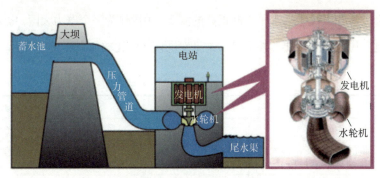

图 2-1-3　水力发电示意图

风力发电是把风的动能转变成机械动能，再把机械能转化为电能，如图 2-1-4 所示。风力发电的原理，是利用风力带动风车叶片旋转，再通过增速机将旋转的速度提升，来促使发电机发电。依据目前的风车技术，大约是 3 m/s 的微风速度（微风的程度），便可以开始发电。风力发电正在世界上形成一股热潮，因为风力发电不需要使用燃料，也不会产生辐射或空气污染。

图 2-1-4　风力发电示意图

太阳能（Solar Energy）是指太阳的热辐射能，主要表现就是常说的太阳光，在现代一般用于发电或者为热水器提供能源。自地球上生命诞生以来，就主要以太阳提供的热辐射能生存，而自古人类也懂得以阳光晒干物件，并作为制作食物的方法，如制盐和晒咸鱼等。在化石燃料日趋减少的情况下，太阳能已成为人类使用能源的重要组成部分，并不断得到发展。太阳能的利用有光热转换和光电转换两种方式，太阳能发电是一种新兴的可再生能源。

 小提示

太阳能发电的主要方式

主要两大类型：
①太阳光发电（直接将太阳能转变成电能）；
②太阳热发电（将太阳能转化为热能，再将热能转化成电能）。

2. 光生伏特效应

太阳能电池能将太阳能转换为电能。如图 2-1-5 所示，太阳能电池主要由半导体硅制成，当半导体上有光线照射时，吸收光能激发出电子和空穴，在半导体中产生电压（流），称为"光生伏特效应"或简称"光伏效应"（Photovoltaic Effect）。

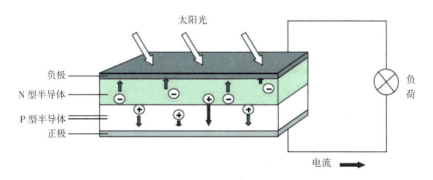

图 2-1-5　光伏效应示意图

太阳能电池利用了 PN 结的光伏效应。当有光照射太阳能电池时，则激发电子自由运动流向 N 型半导体，正电荷集结于 P 型半导体，从而产生电位势。若外接负荷，则有电流流动。

做一做

自制光伏电池

铜膜

准备材料：
准备一张 100mm×40mm 左右的铜膜（氧化后）、一张 100mm×40mm 左右的锡膜、一张 100mm×60mm 的卡纸

第一步：
把铜膜和锡膜剪成 5mm×100mm 的长条

第二步：
把铜膜和锡膜按"E"镶嵌的形式贴在卡纸上

第三步：
在铜膜和锡膜处各引出一根导线，锡膜引出"正极"，铜膜引出"负极"；再刷涂一层硅脂

实验验证：
将正负极接到几颗小灯珠上，将电池板放到阳光下。小灯珠发光，自制光伏电池板完成

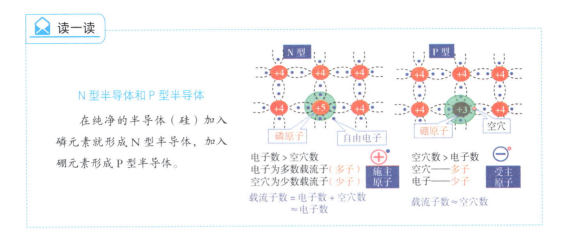

N 型半导体和 P 型半导体

在纯净的半导体（硅）加入磷元素就形成 N 型半导体，加入硼元素形成 P 型半导体。

光伏电池的工作过程如图 2-1-6 所示，假设光线照射在太阳能电池上并且光在界面层被接纳，具有足够能量的光子可以在 P 型硅和 N 型硅中将电子从共价键中激起，致使发作

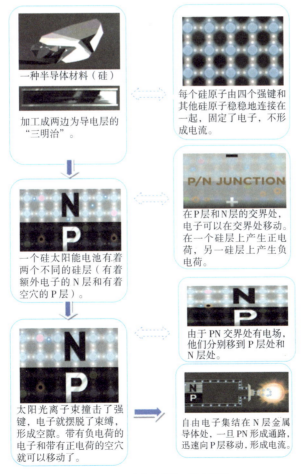

图 2-1-6　光伏电池的工作过程图

电子 – 空穴对。界面层邻近的电子和空穴在复合之前，将经由空间电荷的电场结果被相互分离。电子向带正电的 N 区运动，空穴向带负电的 P 区运动。经由界面层的电荷分离，将在 P 区和 N 区之间发作一个向外的可测试的电压。此时可在硅片的两边加上电极并接入电压表。对晶体硅太阳能电池来说，开路电压的典型数值为 0.5~0.6 V。经由光照在界面层发作的电子 – 空穴对越多，电流越大。界面层接纳的光能越多，界面层即电池面积越大，在太阳能电池中组成的电流也越大。

3. 太阳能电池分类

太阳能电池按技术可以分为晶体硅太阳电池、薄膜太阳电池和聚光太阳电池几大类，具体分类如图 2-1-7 所示。

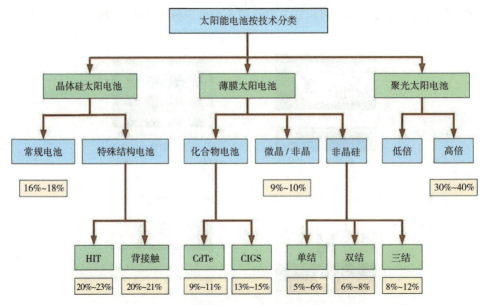

图 2-1-7　太阳能电池分类

太阳能电池按结晶状态可分为结晶系薄膜式和非结晶系薄膜式（以下表示为 a–）两大类，而前者又分为单结晶形和多结晶形。问世最早的光伏电池组件是单晶硅光伏电池，目前，市面上应用的有单晶硅光伏电池、多晶硅光伏电池、非晶硅光伏电池、碲化镉电池、铜铟镓硒电池。其各有优势，互相间的比较见表 2-1-2。

表 2-1-2 常规太阳能电池比较

电池种类	晶硅类		薄膜类		
	单晶硅	多晶硅	非晶硅	碲化镉	铜铟镓硒
商用效率	14%~17%	13%~16%	6%~8%	5%~8%	5%~8%
实验室效率	24%	20.3%	12.8%	16.4%	19.5%
使用寿命	25 年	25 年	25 年	25 年	25 年
组件层厚度	厚层	厚层	薄层	厚层	厚层
规模生产	已形成	已形成	已形成	已形成	已形成
能量偿还时间	2~3 年	2~3 年	1~2 年	1~2 年	1~2 年
主要原材料	硅	硅	硅	镉和碲化物稀有金属	铟是稀有金属（昂贵）
生产成本	高	较高	较低	相对较低	相对较低
主要优点	效率高、技术成熟	效率较高、技术成熟	弱光效应好、成本较低	弱光效应好、成本相对较低	弱光效应好、成本相对较低
图片					

📖 小提示

晶体硅的生产过程如下图所示：

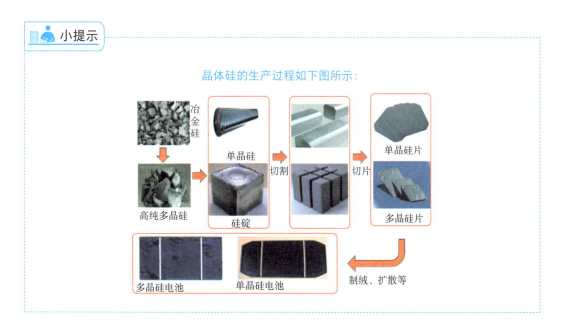

光伏电池是组成光伏组件的基本单元，如果把一个完整的光伏组件比喻成光生伏特"车间"，我们的光伏电池就是光生伏特"班组"承担着光伏发电最基本也是最重要的单元。如果光没有产生电能，那么还谈什么光伏技术呢？

『学习总结』

1. 在图 2-1-1 圈中实物是：

散热器□ 遮雨板□ 光伏电池□

2. 学完本内容后，你对电池分类的掌握情况是：

能讲解□ 能记住□ 能理解□ 不能理解□

3. 结合做一做内容，你对光伏电池工作过程的理解情况是：

会自己制作□ 可以理解□ 比较模糊□

『学习延伸』

太阳能"光热"发电技术

近年来，人们越来越善于利用太阳能。毋容置疑，热能仍然是太阳能主要的组成部分，而且可能是最古老的能源。太阳能光热（CSP）系统使用反射镜从入射的红外辐射中收集热能。光热应该如何工作呢？所有太阳能光热（CSP）系统都通过使用多个反射镜阵列将大面积的散射阳光聚焦到热接收器上。首先，阳光照射到镜子阵列上。然后，镜子收集阳光并将其反射（重定向）到接收器。大多数现代反射镜都能跟踪太阳的位置以收集大量的阳光。接收器实际上是装满工作流体的管道。接着，根据反射镜的类型和所使用的流体，工作流体的温度会升高到 500 ℃（甚至更高）。最终，流体流向热能发电系统，在此流体中的热量通过换热产生蒸汽，从而驱动汽轮机发电。术语"工作流体"是指通过流动传递热量的流体。

图 2-1-8 显示了定日镜将太阳光聚焦在中央接收器上。光热电站产生的能量实际上可以满足任何需求，特别是在阳光充足的地方。例如，世界上最大的光热电站集群在摩洛哥。

图 2-1-8 太阳能"光热"发电图

它的容量为 500 MW，可为 110 万摩洛哥人供电。

现有各种各样的光热系统可以利用太阳的热能，常见的集热器技术有槽式集热器、线性菲涅耳集热器、太阳能塔式集热器、碟式集热器。

2.2　光生伏特"车间"

光伏电池组件

『学习情境』

小王是电子发烧友，他买了光伏手机充电器。一次不小心摔坏了，他准备在网购平台购买光伏电池板来自己修理。可是购买时却犯了难，原来经过搜索，光伏电池板有好多不同的品种，见表 2-2-1，不知道怎么选择和组合，你能帮帮他吗？

表 2-2-1　淘宝搜索结果统计

搜索结果	产品一	产品二	产品三
搜索关键词	太阳能电池板、大功率 DIY 制作电池片、太阳能	光伏发电板创客 DIY 科学实验电路手工玩具配件	太阳能电池板、 DIY 配件、迷你电池板、 单晶硅玩具太阳能电池板
主要参数描述	【电压】: 5.5 V 【电流】: 160 mA（早上 10 点实测略低，140 mA 左右） 【功率】: 0.88 W 【长度】: 11 cm 【宽度】: 8 cm	【输出电压】: 3 V 【电流】: 65 mA 【尺寸】: 40 mm×40 mm 【质量】: 约 5 g	【电压】: 1 V 【电流】: 80 mA（新款升级） 【发货清单】: 太阳能电池板 1 块（需自焊线）
实物图			
价格	RMB:9 元	RMB:3 元	RMB:1.5 元

『学习目标』

1. 学习光伏电池组件结构。

2. 学习光伏电池芯片组件串、并联。

3. 感受"光伏仪表"的检测能力，增强探索新知意识。

『学习探究』

1.电池到组件，"班组"进"车间"

光伏电池组件即太阳能电池板、光伏组件，是光伏发电系统的核心部分，其作用是将太阳能转化为电能。单体太阳能电池输出电压很低不能直接作为电源使用，要用太阳能电池板作为发电系统使用，必须将若干个单体电池串、并联和严密封装成组件。光伏组件还具有良好的导电性、密封性；光电转换效率高，可靠性强；先进的扩散技术，保证片内转换效率的均匀性等特点，其比较如图2-2-1所示。

图 2-2-1 电池芯片（左）与光伏组件（右）

通常，单个硅太阳能电池的输出电压为 0.4~0.7 V，所以光伏电池板一般被串联在一起，可以得到所需的电压值。例如，单个硅太阳能电池的输出电压为 0.5 V，24 个电池串联在一起可以形成一个额定电压为 12 V 的系统。

🖐 做一做

下图每个硅片电压为 0.5 V，如何能让太阳能电池达到 5 V（手机充电器充电电压）的电压，请你用笔连连看。

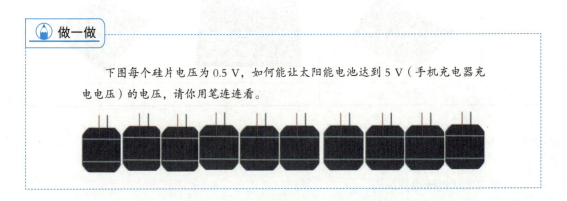

光伏电池组件由太阳能电池片（整片规格：125 mm×125 mm、156 mm×156 mm、124 mm×124 mm 等）或由激光切割机或钢线切割机切割开的不同规格的太阳能电池组合在一起构成。由于单片太阳能电池片的电流和电压都很小，所以我们把它先串联获得高电压，

再并联获得电流后，通过一个二极管（防止电流回输）输出。

 读一读

防反充（防逆流）二极管和旁路二极管

防反充二极管的作用之一是防止太阳能电池组件或方阵在不发电时，蓄电池的电流反过来向组件或方阵倒送，这样不仅消耗能量，而且会使组件或方阵发热甚至损坏；作用之二是在电池方阵中，防止方阵各支路之间的电流倒送。这是因为串联各支路的输出电压不可能绝对相等，各支路电压总有高低之差，或者某一支路因为故障、阴影遮蔽等使该支路的输出电压降低，高电压支路的电流就会流向低电压支路，甚至会使方阵总体输出电压降低。在各支路中串联接入防反充二极管就避免了这一现象的发生。

当有较多的太阳能电池组件串联组成电池方阵或电池方阵的一个支路时，需要在每块电池板的正负极输出端反向并联 1 个（或 2~3 个）二极管，这个并联在组件两端的二极管就叫旁路二极管。旁路二极管的作用是当方阵串中的某个组件或组件中的某一部分被阴影遮挡或出现故障停止发电时，在该组件旁路二极管两端会形成正向偏压使二极管导通，组件中工作电流绕太阳能光伏发电系统设计施工与维护过故障组件，经二极管旁路流过，不影响其他正常组件的发电。

旁路二极管一般都直接安装在组件接线盒内，根据组件功率大小和电池片串联的多少，安装 1~3 个二极管；如图 2-2-2 所示，当该组件被遮挡或有障碍时，组件将被全部旁路。图中采用 3 个二极管将电池组件分段旁路，当该组件的某一部分有故障时，可以做到只旁路组件的 1/3，其余部分仍然可以正常工作。

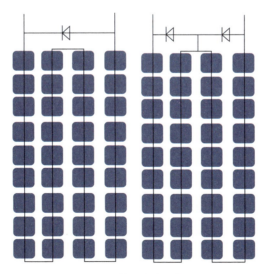

图 2-2-2 电池板二极管的旁路作用

2. 层叠构造，树脂密封

单体光伏电池自身易破碎，一般安装在户外使用，若直接暴露于大气中受风、雨、温度变化等影响而受到腐蚀，光电转换效率下降，以至于损坏失效。因此，光伏电池必须通过框架、支撑架、密封树脂进行完好的封装保护再投入使用，光伏电池组件封装质量是影响太阳能电池寿命的主要因素。

光伏电池行业知识

在实际工程运用中，一般要求太阳能电池组件具有一定的输出电压、输出电流、功率等；工作寿命长，能正常工作运行20~30年；具有足够的机械强度，能承受运输、安装、使用过程中的外界冲击。

太阳能电池组件的内部结构如图 2-2-3 所示。从图中可以看到，太阳能电池组件是将多个单硅太阳能电池通过金属导线串联和并联的方式连接在一起，以提高电池组件的输出电压和输出电流，用衬片作为组件的光伏背板，将太阳能电池组件放于背板上，再通过层压抽真空将组件内的空气排出，用树脂将整个光伏组件密封住。

主要封装材料介绍

玻璃：采用低铁（主要影响玻璃的脆性）绒面钢化玻璃，厚度 3.2 mm，在太阳电池光谱响应的波长范围内（320~1 100 nm）透光率达91%以上，耐紫外光线的辐射，透光率不下降。钢化玻璃制作的组件可以承受直径25 mm的冰球以23 m/s的速度撞击。特别注意，使用前一定要保证玻璃的洁净度，无灰尘、无污染。

EVA：采用晶体硅太阳电池囊封材料是EVA，是一种热熔胶黏剂。它常温下无黏性而具抗黏性，经过一定条件热压便发生熔融黏接与交联固化，并变得完全透明。固化后的EVA具有弹性，它将硅晶片组包封，并和上层玻璃、下层TPT，利用真空层压技术黏合为一体。它和玻璃黏合后能提高玻璃的透光率，起着增透的作用。EVA厚度为0.4~0.6 mm，表面平整，厚度均匀，内含交联剂，能在150 ℃固化温度下交联，采用挤压成型工艺形成稳定胶层。

TPT：用于太阳能电池组件封装的背板一般又被称为TPT聚氟乙烯复合膜。

TPT 一般常用三层结构（PVF/PET/PVF）：外层保护层PVF具有良好的抗环境侵蚀能力；中间层为PET聚酯薄膜具有良好的绝缘性能；内层PVF需经表面处理和EVA具有良好的黏接性能。

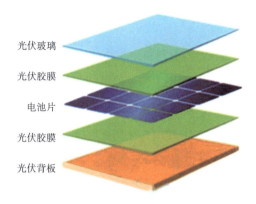

图 2-2-3　太阳能电池组件的内部结构图

光伏玻璃

光伏胶膜

电池片

光伏胶膜

光伏背板

完整的组件结构外部图如图 2-2-4 所示，组件的工作寿命与封装材料和封装工艺有很大的关系，其主要封装材料：电池、玻璃、EVA、TPT、铝合金边框、接线盒等。

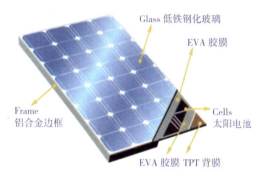

图 2-2-4　组件结构外部图

小提示

光伏组件的主要加工过程如下图所示：

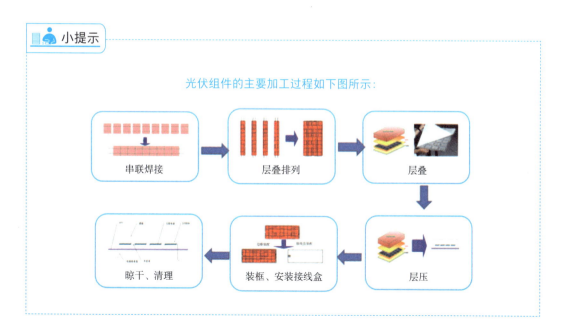

3. 光生伏特车间"打包"小能手

接线盒是电气设计、机械设计与材料科学相结合的跨领域的综合性设计；接线盒充当"保镖"时，它利用二极管自身的性能使得太阳电池组件在遮光、电流失配等其他不利因素发生时，还能保持工作，适当降低损失。接线盒的作用：一是增强组件的安全性能；二是密封组件电流输出部分（引线部分）；三是使组件使用更便捷、可靠。

目前市场上主流接线盒品种较多，样式各异，按照与汇流条的连接方式可分为卡接式与焊接式；二者除了与汇流条的连接方式不同外，其结构基本是一致的。

常规型的接线盒基本由以下几部分构成：底座、导电块、二极管、卡接口或焊接点、密封圈、盒盖、后罩及配件、连接器、电缆线等，如图 2-2-5 所示。

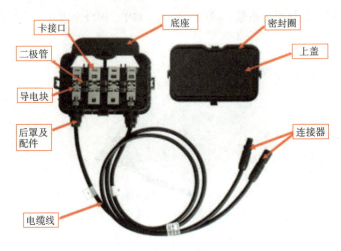

图 2-2-5　光伏组件接线盒结构

📩 **读一读**

三种常见的光伏接线盒介绍

常见接线盒名称	传统型光伏接线盒	封胶密封小巧型光伏接线盒	玻璃幕墙专用型光伏接线盒
耐高低温	★	★★	★★★
防火	★	★★	★★★
抗老化	★★	★★	★★
耐紫外线	★★	★★	★★★
防水	★★	★★	★★
防尘	★★	★★★	★★

续表

常见接线盒名称	传统型光伏接线盒	封胶密封小巧型光伏接线盒	玻璃幕墙专用型光伏接线盒
线缆连接牢固性	★★★	★★★	★★★
应用	专门为太阳能组件设计	结构简洁实用，同时适用于 90 W 的晶硅光伏组件或者薄膜光伏组件	广泛适用于太阳能光电建筑一体化领域
外形			

光伏接线盒应用在光伏组件太阳电池板的背板上，通过内部的端子与组件汇流条连接，将电池组件产生的电能输出到外部系统中，外部再经过电线线路、控制器、逆变器、蓄电池等元器件将电能输出到用户或储存再使用，接线盒可参照如图 2-2-6 所示要点进行选择。

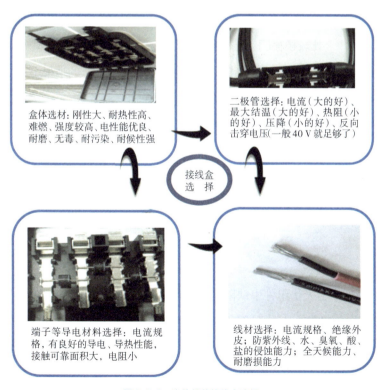

盒体选材: 刚性大、耐热性高、难燃、强度较高、电性能优良、耐磨、无毒、耐污染、耐候性强

二极管选择: 电流（大的好）、最大结温（大的好）、热阻（小的好）、压降（小的好）、反向击穿电压（一般 40 V 就足够了）

接线盒选择

端子等导电材料选择: 电流规格，有良好的导电、导热性能，接触可靠面积大，电阻小

线材选择: 电流规格、绝缘外皮; 防紫外线、水、臭氧、酸、盐的侵蚀能力; 全天候能力、耐磨损能力

图 2-2-6　光伏组件接线盒选择

小提示

接线盒的超声波焊接流程

　　就这样通过多个光伏电池片组成电池组件的发电模块，然后经过光伏组件接线盒将电流汇集后传输出去。

『学习总结』

　　1.学完本内容后，你对光伏电池组件的分类掌握情况是：

　　　能讲解□　　　　能记住□　　　　能理解□　　　　不能理解□

　　2.结合做一做内容，你对硅片电池形成电池组件（串联增压）的理解情况是：

　　　会做□　　　　比较模糊□　　　不能理解□

　　3. 结合小王的疑惑，在手机充电器电压必须大于且接近 5 V 的情况下：

　　　选择产品一的数量为＿＿＿块，总价格为＿＿＿元；

　　　选择产品二的数量为＿＿＿块，总价格为＿＿＿元；

　　　选择产品三的数量为＿＿＿块，总价格为＿＿＿元。

『学习延伸』

光伏组件热斑效应

1. 热斑效应及危害

　　在一定的条件下，光伏组件中缺陷区域（被遮挡、裂纹、气泡、脱层、脏污、内部连接失效等）被当作负载消耗其他区域所产生的能量，导致局部过热，这种现象称为光伏组件的"热斑效应"。热斑效应可导致电池局部烧毁形成暗斑、焊点熔化、封装材料老化等永久性损坏，是影响光伏组件输出功率和使用寿命的重要因素，甚至可能导致安全隐患。

2. 光伏组件热斑检测

一般情况下认为：光伏组件在正常工作时的温度为 30 ℃，局部温度高于周边温度 6.5 ℃时，可认为组件局部为热斑区域。不过这也不是绝对的，因为热斑检测会受到辐照度、组件输出功率、环境温度及组件工作温度、热斑形成原因等因素的影响，因而判断热斑效应最好是以热成像仪图像上的数据分析为准。图 2-2-7 为组件局部的热斑成像。

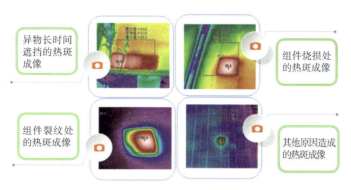

图 2-2-7　热斑检测成像结果分析

3. 解决热斑效应问题的方法

解决热斑效应问题的方法主要是在组件上加装旁路二极管。通常情况下，旁路二极管处于反偏压，不影响组件正常工作，当组件中的电池被遮挡时，此时二极管导通，从而避免被遮电池过热损坏，并且被遮挡电池只影响所在电池组的发电能力。其次是优化制造工艺。组件生产时使用同一档次的电池、焊接前检查隐裂片、防止漏焊虚焊、增加组件整体强度等。

4. 电站预防组件产生热斑的措施

一是及时清除组件附近的杂草等异物；及时清理组件表面的灰尘、鸟屎等异物，保证组件表面清洁无杂物。二是合理设定组件清洗时间：防止气温过低而结冰，造成污垢堆积；防止将冷水喷洒在很热的面板上，导致面板碎裂或内部隐裂等故障。三是搬运组件时尽量减少玻璃弯曲、组件碰撞，禁止在组件上坐、躺以及攀爬等，以防组件内部损伤。

2.3　光生伏特"工厂"

光伏方阵

『学习情境』

张师傅是一名养蜂专业户，常年带着他的蜜蜂去百花盛开的山区生活。苦恼的是经常搬家的他在山区生活时没有电，最近他在网上看到有专业一体化的光伏发电设备，可他不懂什么是光伏发电，也害怕自己不会使用设备，你能为他讲解一下吗？

图 2-3-1　移动式光伏发电设备（左）及产品参数（右）

『学习目标』

1. 学习光伏方阵的结构。

2. 学习光伏电池组件的串、并联方法及支架类型。

3. 感受"神舟十二号太阳电池翼"科技魅力，增强爱国情怀。

『学习探究』

1. 组件发电像"班组"，方阵发电似"工厂"

光伏方阵（PV Array）又称光伏阵列，如图 2-3-2 所示，光伏方阵是由若干个光伏组件或光伏板在机械和电气上按一定方式组装在一起，并且具有固定的支撑结构而构成的直流发电单元。

图 2-3-2　光伏方阵实景图

读一读

光伏方阵重要组成部分

组成部分	图　示
光伏阵列：根据光伏组件的大小等特点，由若干个光伏组件串、并联以及进行合理的排布连接，从而形成的阵列	
汇流箱：在光伏发电系统中是保证光伏组件有序连接和汇流功能的接线装置。当光伏系统发生故障时减小停电的范围	
光伏支架：为太阳能光伏板提供支撑及合适的角度等，保护光伏组件，使其能承受光照、腐蚀、大风等破坏	

2. 组件串并联，功率成倍加

太阳能电池方阵的连接有串联、并联和串并联混合几种方式。当每个单体的电池组件性能一致时，多个电池组件的串联连接，可在不改变输出电流的情况下，使方阵输出电压成比例地增加；而组件并联时，则可在不改变输出电压的情况下，使方阵的输出电流成比例地增加；串并联混合连接时，既可增加方阵的输出电压，又可增加方阵的输出电流。但是，组成方阵的所有电池组件性能参数不可能完全一致，所有的连接电缆、插头插座接触电阻也不相同，于是会造成各串联电池组件的工作电流受限于其中电流最小的组件；而各并联电池组件的输出电压又会被其中电压最低的电池组件所限制。因此方阵组合会产生组合连接损失，使方阵的总效率总是低于所有单个组件的效率之和。

如图 2-3-3 所示，多个电池方阵通过汇流箱进行并联汇流，然后传递到光伏方阵的后级处理电路进行逆变。

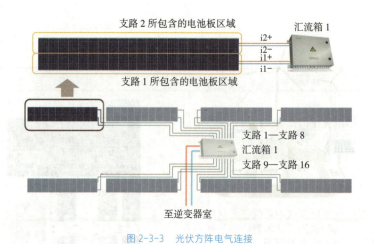

支路2所包含的电池板区域

汇流箱1

i2+
i2-
i1+
i1-

支路1所包含的电池板区域

支路1—支路8
汇流箱1
支路9—支路16

至逆变器室

图2-3-3　光伏方阵电气连接

做一做

电池组件开路电压、短路电流测试

内　容	图　示
1. 测量两块电池板串联后的开路电压、短路电流。（注：每块组件开路电压为12 V，短路电流为0.05 A） 按图连接好电路后，万用表选择直流电压挡（DCV）测得电压为＿＿V；万用表选择mA挡测得电流为＿＿A	
2. 测量两块电池板并联后的开路电压、短路电流。（注：每块组件开路电压为12 V，短路电流为0.05 A） 按图连接好电路后，万用表选择直流电压挡（DCV）测得电压为＿＿V；万用表选择mA挡测得电流为＿＿A	
3. 测量两块电池板串联后再并联的开路电压、短路电流。（注：每块组件开路电压为12 V，短路电流为0.05 A） 按图连接好电路后，万用表选择直流电压挡（DCV）测得电压为＿＿V；万用表选择mA挡测得电流为＿＿A	

3. 你仰望太阳，我托举着你

光伏支架作为光伏电站重要的组成部分，它承载着光伏电站的发电主体。支架的选择直接影响着光伏组件的运行安全、破损率及建设投资，选择合适的光伏支架不但能降低工程造价，也会减少后期养护成本。

根据光伏支架主要受力杆件所采用材料的不同，可将其分为铝合金支架、钢支架以及非金属支架，其中非金属支架使用较少，而铝合金支架和钢支架各有特点。典型的几种材料比较见表2-3-1。

表 2-3-1　光伏支架材料比较

支架性能	铝合金支架	普通钢支架	柔性支架
防腐能力	★★★	★	★★
机械强度（高）	★★	★★★	★
材料质量（轻）	★★★	★	★★
材料价格（低）	★	★★★	★
适用项目	对承重有要求的屋顶电站；对抗腐蚀性有要求的工业厂房屋顶电站	强风地区、跨度比较大等对强度有要求的电站	普通山地、荒坡、水池鱼塘以及林地等多种大跨度应用场地

📩 读一读

柔性支架的特性及应用

柔性支架是利用钢索预应力结构，解决污水处理厂、地形复杂的山地、承重较低的屋顶、林光互补、水光互补、驾校、高速公路服务区等跨度和高度所限造成传统支架结构无法安装的技术难题。

柔性光伏支架具有广泛的适应性、使用的灵活性、有效的安全性和土地完美二次利用的经济性，是光伏支架革命性的创造，将快速推进光伏发电的完美发展。

柔性光伏支架是平地钢缆上安装电池板的一种新型光伏支架，由桩基础、立柱组件、端梁组件、钢缆紧固件、电池板固定组件组成。它能解决现有光伏支架桩基础密度大、成本高、结构复杂、安全性差等缺点。它能有效地解决现有山谷、丘陵地带光伏电站存在的施工难度大，阳光遮挡严重，发电量低（与平整地带光伏电站对比约低10%～35%）、电站支架质量差、结构复杂等缺点，填补了光伏钢缆支架的空白。

如图2-3-4所示，根据安装方式可以分为固定式光伏支架和跟踪式光伏支架。固定式光伏支架的光伏阵列不随太阳入射角变化而转动，以固定的方式接收太阳辐射。根据倾角设定情况可以分为：最佳倾角固定式、斜屋面固定式和倾角可调固定式。跟踪式光伏支架通过机电或液压装置使光伏阵列随着太阳入射角的变化而移动，从而使太阳光尽量直射组件面板，提高光伏阵列发电能力。根据追踪轴数量可分为单轴追踪系统和双轴追踪系统。

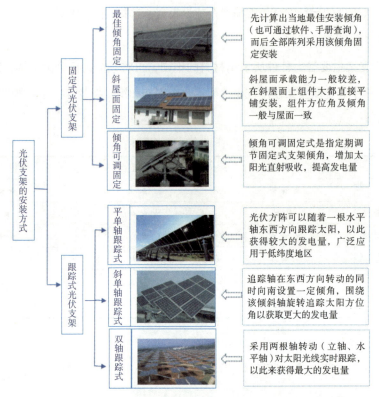

图 2-3-4　光伏支架的安装方式

随着光伏市场的日益发展,技术不断提升,光伏支架的作用已不仅仅局限于支撑系统,还可以大幅提升发电量,降低基础成本。下面对常用的几种支架进行了对比,具体见表 2-3-2。

表 2-3-2　几种支架运行方式对比

类　　型	传统支架成本 /（元·W⁻¹）	发电量增益 /%	占用面积增 /%	可靠性	柔性支架 /（元·W⁻¹）
最佳倾角固定	0.6~0.7	100	100	好	0.815
标准平单轴	1~1.4	110~115	100	较好	—
带倾角平单轴	1.45~1.8	115~120	110~120	较好	—
斜单轴跟踪	1.5~2	120~125	140~150	较差	—
双轴跟踪	2.8~3.5	130~140	> 180	差	—
注：价格含土建施工及材料、支架施工及材料					

4. 安装光生伏特"工厂"

光伏方阵布置要求应遵循如图 2-3-5 所示标准。排布其朝向理想的安装方位角是正南方;组件倾角为系统最佳倾角近似于当地纬度角,或者根据屋顶结构,组件平行于屋顶坡度铺设,使用角度测量仪可测量倾角;组件前后排间距为间距应能保证冬至日早上 9 点至下午

3点太阳能电池方阵不被遮挡。通过使用 Excel 表公式计算，选择纬度、组件宽度、长度、倾角即可计算出合适的间距。

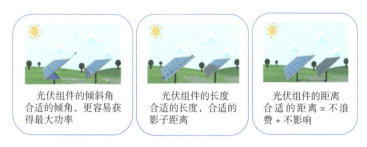

图 2-3-5　光伏方阵布置要求

 小提示

太阳能电池方阵倾角

连续性：一年中太阳辐射总量大体上是连续变化的，多数是单调升降，个别也有少量起伏，但一般不会大起大落。

均匀性：选择倾角，最好使方阵表面上全年接收到的日平均辐射量比较均匀，以免夏天接收辐射量过大，造成浪费；而冬天接收到的辐射量太小，造成蓄电池过放以致损坏，降低系统寿命，影响系统供电稳定性。

极大性：选择倾角时，不但要使太阳能电池方阵表面上辐射量最弱的月份获得最大的辐射量，同时还要兼顾全年日平均辐射量不能太小。

支架的搭建除了要保证组件的最佳倾角和朝向，应尽可能在屋顶上留有足够间距；支架材质使用不锈钢或者热镀锌钢材，以起到防腐的目的；同时支架应保证组件底部高于底面不小于 15 cm，以避免组件浸水和雨水溅落组件表面；支架的具体安装步骤如图 2-3-6 所示。

图 2-3-6　光伏支架安装

组件根据施工图纸，结合施工现场，确定安装顺序，太阳能电池组件属于贵重物品，要求安装时轻取轻放，放置一块固定一块，防止组件被摔坏。安装时严格控制好组件与组件的空隙，做到横平竖直。其安装步骤如图 2-3-7 所示。

将组件一个一个松松地固定在支架纵梁上

参照图纸，保持每片组件的均匀

根据电气图纸进行组串连接。为了保证组串连接的可靠，在进行作业时需认真照操作规范进行

将所有组件紧固

对线路进行敷设

各组串的正负极导线最终会在直流汇流箱内进行接线汇流，具有开断、防雷、汇流等功能

图 2-3-7　光伏组件的安装

光伏方阵是光伏发电系统中比较关键且基础的环节，决定着发电量的多少。同时在设计和运维中也是比较复杂的部分。

『学习总结』

1. 学完本内容后，你对光伏方阵主要部件的掌握情况：

能讲解□　　能记住□　　　能理解□　　　不能理解□

2. 光伏组件的串联增压、并联增流能理解吗?

会做□　　比较模糊□　　不能理解□

3. 你对光伏组件的安装与布局原则的掌握情况：

　　能应用□　　　　能理解□　　　　不能理解□

4. 张师傅的问题，你能帮他讲解吗？

　　能□　　　　不能□

『学习延伸』

神舟十二号太阳电池翼

　　天和核心舱首次采用了大面积可展收柔性太阳电池翼，其双翼展开面积可达 134 m^2，如图 2-3-8 所示。这是我国首次采用柔性翼作为航天器的能量来源。与传统刚性、半刚性的太阳电池翼相比，柔性翼全部收拢后只有一本书的厚度，仅为刚性太阳翼的 1/15。同时，展开面积大、功率质量比高，单翼即可为空间站提供 9 kW 的电能，在满足舱内所有设备正常运转的同时，也完全可以保证航天员在空间站中的日常生活。

图 2-3-8　神舟十二号太阳电池翼

　　核心舱作为我国寿命设计要求最长的一个飞行器，对所有产品的长寿命提出了最高要求。太阳翼作为舱外产品，要面对的空间环境极其恶劣，除了需要经历 88 000 次 ±100 ℃ 的高低温循环外，还要经受低轨环境中原子氧、等离子体、紫外辐照、电离辐照等多种空间环境的考验。航天科技集团八院 805 所柔性太阳电池翼研制团队开展了 3 年多的方案论证和比较工作，经过大量的地面模拟长寿命测试。例如，太阳电池翼上的张紧机构看似一根简单的钢丝绳，但其实是一套恒力弹簧绳索系统，通过它的不断伸缩才能保证太阳电池翼在高低温环境下的足够刚度以及姿态控制。团队历经多年攻关，在地面完成了 40 万次热真空疲劳寿命试验、100 万次常温常压寿命试验，充分验证了产品的高可靠、长寿命。

3 传输存储要控变

　　光伏发电原理是利用半导体界面的光生伏特效应而将光能直接转变为电能的一种技术。光伏发电受环境因素影响较大，光伏发电产生的直流电是非线性的直流电。为了提高供电质量，提高光伏发电的利用率，以及对电路的保护功能，通常会加入光伏控制器与蓄电池。由于太阳能电池和蓄电池是直流电源，而负载是交流负载时，或者要将多余的电能并网送入电网中就需要逆变。通常光伏发电系统中包含太阳能电池方阵、蓄电池组、充放电控制器光伏逆变器、交流配电柜等核心设备。

3.1 光伏银行——蓄电池

『学习情境』

　　今天，小王走在路上看见了太阳能路灯。他不禁在想，太阳能路灯的核心部件是光伏电池。白天光伏电池能发电，路灯却不需要工作，晚上的时候没有太阳光，电又是从何而来的。我们一起来探秘晚上电是从如何而来。

『学习目标』

　　1.学习铅酸电池的主要参数及工作过程。
　　2.学习铅酸电池的型号识别方法。
　　3.善于观察生活，勤于思考和探究。

『学习探究』

　　为了安全，我们常常把家里多余的钱存储起来，需要的时候去银行把钱取出来。我们怎样才能将多余的光伏电能存储起来，需要的时候再把它取出来呢？我们一起来认识被誉为"光伏银行"的蓄电池。

图 3-1-1　太阳能路灯

光伏发电不同于传统电源，它的输出功率会随着光照强度、温度等环境因素的改变而剧烈变化，且具有不可控性。储能系统在光伏系统中应用可以解决光伏系统中供电不平衡问题，还可以解决电压脉冲、电压跌落、瞬时断电等供电的动态问题，是提高光伏供电可靠性的有效手段。

从广义上讲，储能即能量储存，是指通过一种介质或者设备，把一种能量形式用同一种或者转换成另一种能量形式存储起来，基于未来应用需要以特定能量形式释放出来的循环过程。从狭义上讲，针对电能的存储，储能是指利用化学或者物理的方法将产生的能量存储起来并在需要时释放的一系列技术和措施。具体储能方式见表 3-1-1。

表 3-1-1　储能方式分类

分　类	名　称	特　点
物理储能	抽水储能、压缩空气储能、飞轮储能	采用水、空气等作为储能介质；储能介质不发生化学变化
化学储能	铅酸电池、锂离子电池、液流电池、熔盐电池、镍氢电池、电化学容器	利用化学元素做储能介质；充放电过程伴随储能介质的化学反应或者变价
其他储能	超导储能、燃料电池、金属－空气电池	各具不同特点

目前在光伏发电系统中，常用的储能电池及元器件有铅酸蓄电池、碱性蓄电池、锂离子蓄电池、镍氢蓄电池及超级电容器等。鉴于性能及成本的原因，目前应用最多、使用最广泛的还是铅酸蓄电池。

 做一做

简易蓄电池制作

准备：
电工胶、9 V 电池、圆珠笔 2
支、雪糕棍、玻璃杯、食用盐、
电池帽

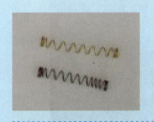

第一步：

取出圆珠笔的弹簧，一个为铜、一个为铁

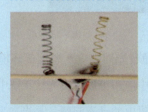

第二步：

如图将木片钻孔，将弹簧 LED 灯如图所示安装，并接好电源线

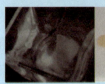

第三步：

在玻璃杯中加入食用盐，用勺子搅拌均匀，将弹簧 LED 安装在杯子上

第四步：

将电池接上进行充电，充电要持续一段时间才能完成

第五步：

电池充好电后，撤去干电池，此时 LED 发光说明充电成功

1. 铅酸电池的发展

铅酸蓄电池定义为：电极主要由铅及其氧化物制成，电解液是硫酸溶液的一种蓄电池。充电将电能转换为化学能，使用化学能转换为电能。铅酸电池的发展如图 3-1-2 所示。

2. 铅酸电池的组成

铅酸电池要采用稀硫酸作为电解液，用二氧化铅和绒状铅分别作为电池正极板和负极板。铅酸电池的各部分结构见表 3-1-2，铅酸蓄电池主要由正极板、负极板、接线端子、隔板、安全阀、电解溶液、跨桥、电池盖、接头密封材料及附件等部分组成。

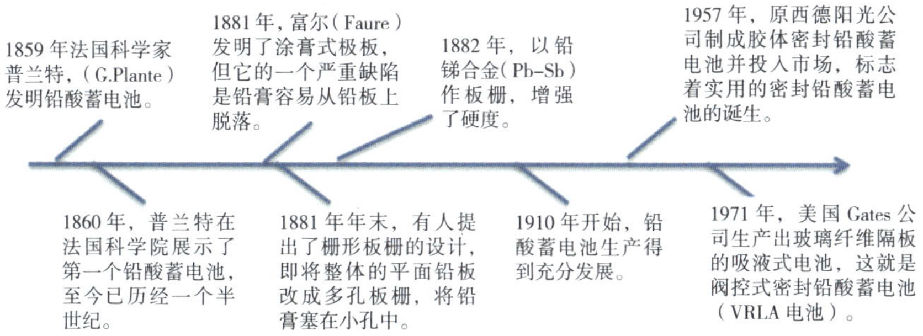

1859 年法国科学家普兰特,（G.Plante）发明铅酸蓄电池。

1881 年,富尔（Faure）发明了涂膏式极板,但它的一个严重缺陷是铅膏容易从铅板上脱落。

1882 年,以铅锑合金（Pb-Sb）作板栅,增强了硬度。

1957 年,原西德阳光公司制成胶体密封铅酸蓄电池并投入市场,标志着实用的密封铅酸蓄电池的诞生。

1860 年,普兰特在法国科学院展示了第一个铅酸蓄电池,至今已历经一个半世纪。

1881 年年末,有人提出了栅形板栅的设计,即将整体的平面铅板改成多孔板栅,将铅膏塞在小孔中。

1910 年开始,铅酸蓄电池生产得到充分发展。

1971 年,美国 Gates 公司生产出玻璃纤维隔板的吸液式电池,这就是阀控式密封铅酸蓄电池（VRLA 电池）。

图 3-1-2 铅酸电池的发展历程

表 3-1-2 铅酸电池的组成

名 称	描 述	实物图
正、负极板	正、负极板是栅板和活性物质组成的。蓄电池的充电过程是依靠极板上的活性物质和电解液中硫酸的化学反应来实现的。正极板上的活性物质是深棕色的二氧化铅（PbO_2）,负极板上的活性物质是海绵状、青灰色的纯铅（Pb）	
栅板	栅板在极板中的作用有两个,一是作为活性物质的载体;二是实现极板传导电流的作用,即依靠其栅格将电极上产生的电流送到外电路,或将外电源传入的电流传递给极板上活性物质	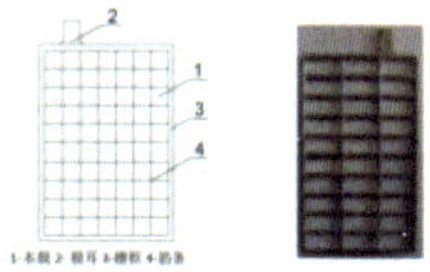
极板层叠结构	将若干片正极板或负极板的极耳部焊接成正极板或负极板组,以增加电池的容量,极板片数越多,电池容量越大,通常负极板的极板数比正极板组的要多一片。组装时正、负极板交错排列,使每片正极板都夹在两片负极板之间,其目的是使两面都能均匀发生化学反应,产生相同的膨胀和收缩减小极板弯曲的机会,延长电池的寿命	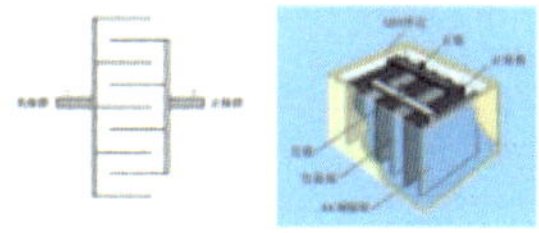
隔板	为了减少蓄电池的内阻和体积,正、负极板应尽量靠近但彼此又不能接触而短路,所以在相邻正、负极板间加有绝缘隔板。隔板应具有多孔性,以便电解液渗透,而且应具有良好的耐酸性和抗碱性。隔板材料有木质、微孔橡胶、微孔塑料等。近年来,还有将微孔塑料隔板做成袋状,紧包在正极板的外部,防止活性物质脱落	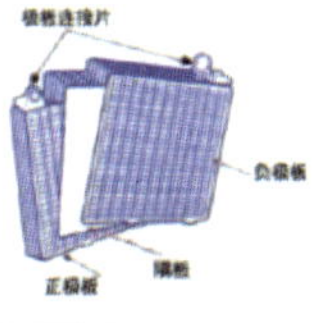
电池槽和电池盖	蓄电池的外壳是用来盛放电解液和极板组的,外壳应耐酸、耐热、耐震,以前多用硬橡胶制成。现在国内已开始生产聚丙烯塑料外壳。这种壳体不但耐酸、耐热、耐震,而且强度高,壳体壁较薄（一般为 3.5 mm,而硬橡胶壳体壁厚为 10 mm）、质量轻、外形美观、透明。壳体底部的凸筋是用来支持极板组的,并可使脱落的活性物质掉入凹槽中,以免正负极板短路,若采用袋式隔板,则可取消凸筋以降低壳体高度	
电解液	电解液的作用是使极板上的活性物质发生溶解和电离,产生电化学反应,传导溶液正负离子。它由纯净的硫酸与蒸馏水按一定的比例配制而成,电解液的相对密度一般为 1.24~1.30 g/cm³（15 ℃）	

续表

名　称	描　述	实物图
安全阀	一般由塑料材料制成，对电池起密封作用，阻止空气进入，防止极板氧化。同时可以将充电时电池内产生的气体排出电池，避免电池产生危险。使用时必须将排气栓上的盲孔用铁丝刺穿、以保证气体溢出通畅	
正负接线柱	蓄电池各单格电池串联后，两端单格的正负极桩分穿出蓄电池盖，形成蓄电池正负接线柱，实现电池与外界的连接，传导电池，接线柱的材质一般是钢材镀银，正极标"+"号或涂红色，负极标"−"号或涂蓝色、绿色	

3. 铅酸电池的类别

铅酸电池按用途分类可以分为启动用铅酸电池、固定型阀控密封式铅酸蓄电池。按电荷状态可以分为干式放电铅酸蓄电池、干式荷电铅酸蓄电池、带液式充电铅酸蓄电池、湿式荷电铅酸蓄电池、免维护铅酸蓄电池及少维护铅酸蓄电池，具体见表3-1-3。

表3-1-3　铅酸蓄电池分类

名　称	特　点	实物图
干式放电铅酸蓄电池	极板为放电态，放在无电解液的蓄电池槽中	
干式荷电铅酸蓄电池	极板具有较高的储电能力，放在干燥的充电态的无电解液的蓄电池槽中	
带液式充电铅酸蓄电池	充电态带电液的蓄电池	
湿式荷电铅酸蓄电池	充电态，开始使用时灌入电解液，但储存时间没有干式荷电铅酸蓄电池时间长	
免维护铅酸蓄电池	电解液的消耗量非常小，在规定的工作寿命期间不需要维护加水，寿命长	

续表

名　称	特　点	实物图
少维护铅酸蓄电池	在规定的工作寿命期间只需要少量维护，较长时间内加一次水，为充电态带液电池	

　　铅酸蓄电池的突出优点是放电时电动势较稳定，缺点是比能量（单位质量所蓄电能）小，对环境腐蚀性强。但铅蓄电池的工作电压平稳，使用温度及使用电流范围宽，能充放电数百个循环，储存性能好（尤其适于干式荷电储存），造价较低，因而应用广泛。铅酸电池大致经历了以下三个阶段的发展，具体如图 3-1-3 所示。

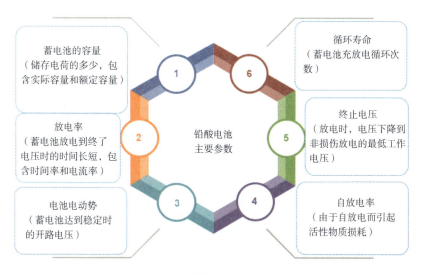

开口式（富液式）　　富液式（免维护）　　阀控密封（免维护）

图 3-1-3　铅酸电池的发展阶段

4. 铅酸电池的主要参数

　　铅酸电池的参数：蓄电池的容量、放电率、终止电压、电池电动势浮充寿命、循环寿命、过充电寿命、自放电率、电池内阻等，其主要参数如图 3-1-4 所示。

铅酸电池主要参数

1. 蓄电池的容量（储存电荷的多少，包含实际容量和额定容量）
2. 放电率（蓄电池放电到终了电压时的时间长短，包含时间率和电流率）
3. 电池电动势（蓄电池达到稳定时的开路电压）
4. 自放电率（由于自放电而引起活性物质损耗）
5. 终止电压（放电时，电压下降到非损伤放电的最低工作电压）
6. 循环寿命（蓄电池充放电循环次数）

图 3-1-4　蓄电池主要参数描述

读一读

蓄电池的基本术语

1. 蓄电池充电　蓄电池充电是指通过外电路给蓄电池供电，使电池内发生化学反应，从而把电能转化成化学能而存储起来的操作过程。

2. 过充电　过充电是指对已经充满电的蓄电池或蓄电池组继续充电。

3. 放电　放电是指在规定的条件下，蓄电池向外电路输出电能的过程。

4. 自放电　蓄电池的能量未通过外电路放电而自行减少，这种能量损失的现象叫自放电。

5. 活性物质　在蓄电池放电时发生化学反应从而产生电能的物质，或者说是正极和负极存储电能的物质统称为活性物质。

6. 放电深度　放电深度是指蓄电池在某一放电速率下，电池放电到终止电压时实际放出的有效容量与电池在该放电速率的额定容量的百分比。放电深度和电池循环使用次数关系很大，放电深度越大，循环使用次数越少；放电深度越小，循环使用次数越多。经常使电池深度放电，会缩短电池的使用寿命。

7. 极板硫化　在使用铅酸蓄电池时要特别注意的是：电池放电后要及时充电，如果蓄电池长时期处于亏电状态，极板就会形成 $PbSO_4$ 晶体，这种大块晶体很难溶解，无法恢复原来的状态，将会导致极板硫化无法充电。

8. 相对密度　相对密度是指电解液与水的密度的比值。相对密度与温度变化有关，25 ℃时，充满电的电池电解液相对密度值为 1.265 g/cm^3，完全放电后降至 1.120 g/cm^3。每个电池的电解液密度都不相同，同一个电池在不同的季节，电解液密度也不一样。大部分铅酸蓄电池的密度为 1.1~1.3 g/cm^3，充满电之后一般为 1.23~1.3 g/cm^3。

5. 识别蓄电池型号

蓄电池型号通常分为三段表示。如图 3-1-5 所示，第一段为数字，表示单体电池的串联数。每一个单体蓄电池的标称电压为 2 V，当单体蓄电池串联数（格数）为 1 时，第一段可省略，6 V、12 V 蓄电池分别用 3 和 6 表示；第二段为 2~4 个汉语拼音字母，表示蓄电池的类型、功能和用途等；第三段表示电池的额定容量。

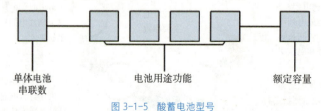

图 3-1-5　酸蓄电池型号

例如：6QA-120 表示有 6 个单体电池串联，标称电压为 12 V，启动用蓄电池，装有干荷电式极板，20 小时率额定容量为 120 Ah。其他字母含义见表 3-1-4。

表 3-1-4　蓄电池常用汉语拼音字母的含义

第 1 个字母	含　义	第 2、3、4 个字母	含　义
Q	启动用	A	干荷电式
G	固定用	F	防酸式
D	电瓶车用	FM	阀控式密封
N	内热机用	W	无须维护
T	铁路客车用	J	胶体
M	摩托车用	D	带液式
KS	矿灯酸性用	J	激活式
JC	舰船用	Q	气密式
B	航标灯用	H	湿荷式
TK	坦克用	B	半密闭式
S	闪光用	Y	液密式

👆 做一做

认识蓄电池型号

　　如图所示，该蓄电池型号为 6-GFM-40，则该电池有____个单体电池串联（每个 2 V），标称电压为____V，电池的用途为____，功能为____。

6. 光伏银行的存取

　　光伏银行的存取就是蓄电池的充放电。如图 3-1-6 所示，蓄电池通过充电过程将电能转化为化学能。如图 3-1-7 所示，使用时通过放电将化学能转化为电能。铅酸蓄电池在充电和放电过程中的可逆反应理论比较复杂，目前公认的是哥莱德斯东和特利浦两人提出的"双硫酸化理论"。该理论的含义为，铅酸蓄电池在放电后，两电极的有效物质和硫酸发生作用，均转变为硫酸化合物一硫酸铅；充电时又恢复为原来的铅和二氧化铅。

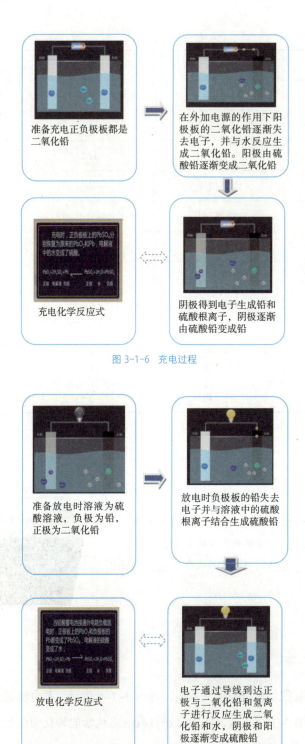

图 3-1-6 充电过程

图 3-1-7 放电过程图

蓄电池充电控制方法

1. 主充、均充、浮充各阶段的自动转换控制方法

①时间控制，即预先设定各阶段充电时间，由时间继电器或 CPU 控制转换时刻。

②设定转换点的充电电流或蓄电池端电压值，当实际电流或电压值达到设定值时，自动进行转换。

③采用积分电路在线监测蓄电池的容量，当容量达到一定值时，则发出信号改变充电电流的大小。

在上述方法中，时间控制比较简单，但这种方法缺乏来自蓄电池的实时信息，控制比较粗略；容量监控方法控制电路比较复杂，但控制精度较高。

2. 充电程度的判断

在对蓄电池进行充电时，必须随时判断蓄电池的充电程度，以便控制充电电流的大小。判断充电程度的主要方法如下。

①观察蓄电池去极化后的端电压变化。

②检测蓄电池的实际容量值，并与其额定容量值进行比较，即可判断其充电程度。

③检测蓄电池端电压判断。

3. 停充控制

在蓄电池充足电后，必须适时地切断充电电流，否则蓄电池将出现大量出气、失水和温升等过充反应，直接危及蓄电池的使用寿命。因此，必须随时监测蓄电池的充电状况，保证电池充足电而又不过充电。主要的停充控制方法如下。

①定时控制。

②电池温度控制。

③电池端电压负增量控制。

蓄电池的应用并不是只有光伏发电系统，还有电动汽车、便携式电子设备等，但都是利用它能够储存电荷的功能，这就像我们日常生活中的银行。

『学习总结』

1. 光伏发电系统的主要储能设备是：

光伏电池□   光伏控制器□   铅酸电池□

2. 你能识别蓄电池的型号吗？

能□   没有把握□   不能□

3. 你对铅酸蓄电池充放电过程的理解情况？

理解□　　　比较模糊□　　　不能理解□

『知识延伸』

潜艇的电池

电池是潜艇（图 3-1-8）最重要的基础装备，不管是核潜艇还是常规的柴电潜艇，蓄电池都是最重要的组件之一。很多人也许认为核潜艇不是使用核反应堆么，还要电池干什么？实际上，所有的核潜艇只是柴电潜艇额外装了个核反应堆而已，所有的核潜艇都有不少于 200 节大型铅酸蓄电池，柴油发电机或者柴油动力机组。有了核反应堆只是让原来柴油机和电池都退居相对次要的地位，用来辅助潜艇工作。而常规的潜艇，蓄电池几乎就是潜艇最核心的基础装备。

图 3-1-8　潜艇

从第一次世界大战到现在，潜艇的蓄电池都是铅酸电池，和普通汽车用的蓄电池一样。铅酸电池性能稳定可靠，使用的原材料易于获得且廉价，本身结构简单易于维护，反复使用寿命长，易于维修翻新。现代的常规潜艇，根据吨位和设计要求，大概拥有 240~480 块电池，总质量 120~300 t，是潜艇里占空间最大，排水量最大的一个单一功能组件，会消耗潜艇至少 10% 的排水量。现代的潜艇用铅酸电池，尺寸通常在 470 mm×470 mm，高度 1 200~1 500 mm，质量 450~610 kg，电池放电电压 2.1 V，潜艇电池的容量根据放电速度变化比较明显，标准的电池应该标注放电时间 0.5，1.5，5，50（有些国家 45）小时的数据。由于短时间快速放电会造成电池内阻减少，电池迅速过热，铅酸电池的短时间放电能力比长时间放电能力差了至少 1 倍。

3.2　光伏交警——控制器

『学习情境』

通过学习，小王终于明白了这个"光伏银行"的重要作用。可是他也知道蓄电池的蓄电能力是有限的，什么时候充电、放电，在太阳能路灯电路中，这些电流又是听谁指挥的呢？

带着这个疑问，我们一起来探索个究竟吧。

『学习目标』

1.学习光伏控制器的结构及功能。

2.学习光伏控制器的使用方法。

3.感受光伏控制器最大功率点跟踪原理、设备选型，提升严谨的职业素养。

『学习探究』

光伏控制器是太阳能光伏发电系统的核心部件之一，也是平衡系统的主要组成部分。在小型光伏发电系统中，控制器主要用来保护蓄电池。在大中型系统中，控制器担负着平衡光伏系统能量，保护蓄电池及整个系统正常工作和显示系统工作状态等重要作用，控制器可以单独使用，也可以和逆变器等合为一体。其中，太阳能路灯示意结构图如图3-2-1所示。

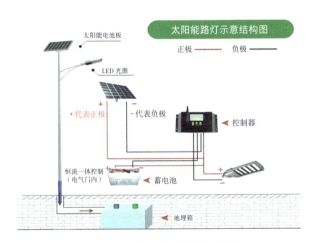

图 3-2-1　太阳能路灯示意结构图

 做一做

太阳能小灯制作

准备：
太阳能小电池板1块（6V）、
5 Ω 电阻1只、10 kΩ 电阻1只、
NPN型三极管1只、二极管1只、
锂电池1只

第一步：
将元器件按照原理图所示进行连接

第二步：
按照原理图将太阳能电池和锂电池插在面包板上

第三步：
测试一下用手挡住太阳能电池板，看 LED 灯是否发光

第四步：
测试一下不用任何挡住太阳能电池板，暴露在光线中，LED是否熄灭，测试都成功说明电路正常工作

1. 光伏控制器的作用

光伏控制器主要在光伏发电系统中主要起到电流的管理作用类似于生活中的交通警察，指挥着交通。具体功能如图 3-2-2 所示。

图 3-2-2　光伏控制器的作用

2. 光伏控制器的分类

按照输出功率的大小不同，可分为小功率光伏控制器、中功率光伏控制器和大功率光

伏控制器，实物如图 3-2-3 所示。

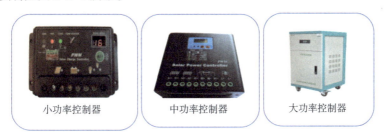

小功率控制器　　中功率控制器　　大功率控制器

图 3-2-3　光伏控制器类型

目前大部分小功率控制器都采用 MOSFET 效应管等作为控制器的主要开关器件。运用脉冲宽度调制（PWM）控制技术对蓄电池进行快速充电和浮充充电。具有单路、双路负载输出和多种工作模式和多种保护功能。一般把额定负载电流大于 15 A 的控制器划分为中功率控制器，采用 LCD 液晶屏显示工作状态和充放电等各种重要信息，具有自动、手动、夜间功能与编程能力等多种保护功能和温度补偿功能。大功率光伏控制器采用微电脑芯片控制系统，具有 LCD 液晶点阵模块显示，可根据不同场合通过编程任意设定各种参数，可适应不同场合的特殊要求，可避免各路充电开关同时开启和关断时引起的振荡。通过 LED 指示灯显示各路光伏充电状况和负载通断状况。有的配接有 RS232/485 接口，具有蓄电池过充电、过放电、输出过载、短路、浪涌、太阳能电池接反或短路、蓄电池接反、夜间防反充等一系列报警和保护等功能。

3. 光伏阵列最大功率跟踪

光伏阵列输出特性具有非线性特征，并且其输出受光照强度、环境温度和负载情况影响。如在不同的太阳能辐照度条件下，最大功率点是不同的；温度不同时，最大功率点也不同。

如图 3-2-4 所示，光伏阵列最大功率与温度的关系。光伏阵列与光照强度的关系为光

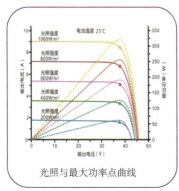
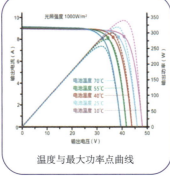
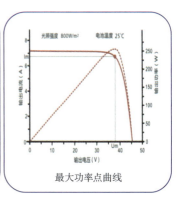

光照与最大功率点曲线　　温度与最大功率点曲线　　最大功率点曲线

图 3-2-4　光照曲线图

照强度越高，最大功率点也越高。温度不同时最大功率点也不同，温度越高最大功率点越低。在一定的光照强度和环境温度下，太阳能电池可以工作在不同的输出电压下，但是只有在某一输出电压值时，太阳能电池的输出功率才能达到最大值，这时太阳能电池的工作点达到了输出功率电压曲线的最高点，称为最大功率点。

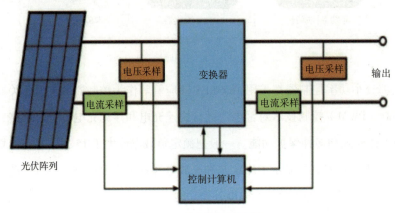

图 3-2-5　最大功率跟踪框图

　　如果把光伏阵列与蓄电池直接连接起来，那么一方面蓄电池的内阻不会随着太阳能电池输出的最大功率点的变化而变化，从而使无法对太阳能电池的输出进行调节，造成资源的浪费；另一方面蓄电池的充电电压随外界环境的变化而变化，不稳定的电压对蓄电池进行充电，会影响蓄电池的寿命。因此，需要在光伏阵列和蓄电池之间加入最大功率跟踪环节，如图 3-2-5 所示，太阳能电池最大功率点跟踪控制组成框图，主要通过采集电池阵列的输出电压与电流，根据相应控制算法，调整变换器的输出来改变电池阵列的输出电压，达到对最大功率点的跟踪。

📖 **小提示**

最大跟踪原理（MPPT）

　　MPPT 控制器能实时将检测的电压 U 和电流 I 相乘后得到功率 P，然后判断太阳能电池此时的输出功率是否最大，若不在最大功率点运行，则调整脉宽和输出占空比 δ，改变充电电流，再次进行实时采样，并作出是否改变占空比的决断。通过这样的寻优过程，可保证太阳能电池始终运行在最大功率点上，从而充分利用太阳能电池的输出能量。同时采用脉冲宽度调制（PWM）方式，使充电电流成为脉冲电流，以减少蓄电池的极化，提高充电效率。

读一读

光伏控制器是脉宽调制型和最大功率跟踪型对比

名　称	PWM 型	MPPT 型
输入电压范围	较窄	较宽
电路结构	简单	复杂
蓄电池充电效率	80% 以上	90% 以上
功率	20~500 W	1 kW 以上
应用	小型离网发电	大型离网或者并网系统
价格	100 元以外	几百元至几千元

4. 光伏控制器的主要参数

光伏控制器的参数主要包括系统电压、最大充电电流、太阳能电池方阵输入路数、蓄电池过充电保护电压（HVD）等，具体见表 3-2-1。

表 3-2-1 光伏控制器的主要性能参数

名　称	含　义	常规值
系统电压	系统电压即额定工作电压，指光伏发电系统的直流工作电压	12 V、24 V、48 V、110 V、220 V 和 500 V
最大充电电流	最大充电电流是指光伏组件或阵列输出的最大电流	2 A、6 A、8 A、10 A、12 A、20 A、30 A、40 A、50 A、70 A、100 A、150 A、200 A、250 A 和 300 A 等
太阳能电池方阵输入路数	小功率光伏控制器一般都是单路输入，而大功率光伏控制器都是由太阳能电池方阵多路	6 路、12 路、18 路
电路自身损耗	电路自身损耗也称为空载损耗（静态电流）或最大自身损耗	控制器的最大自身损耗不得超过其额定充电电流的 1% 或 0.4 W
蓄电池过充电保护电压（HVD）	蓄电池过充电保护电压也称为充满断开或过电压关断电压	14.4 V、28.8 V 和 57.6 V
蓄电池充电保护的关断恢复电压（HVR）	蓄电池充电保护的关断恢复电压指蓄电池过充后，停止充电，进行放电，再次恢复充电的电压	13.2 V、26.4 V 和 52.8 V
蓄电池的过放电保护电压（LVD）	蓄电池的过放电保护电压称为欠电压断开或欠电压关断电压	11.1 V、22.2 V 和 44.4 V
蓄电池过放电保护的关断恢复电压（LVR）	蓄电池过放电保护的关断恢复电压指蓄电池放电过放电保护电压后，切断负载，等到太阳能给蓄电池充电某一电压，重新对负载供电的电压值	12.4 V、24.8 V 和 49.6 V
蓄电池充电浮充电压	当电池处于充满状态时，充电器不会停止充电，仍会提供恒定的电压给电池充电，此时电压称为浮充电压	13.7 V、27.4 V 和 54.8 V

续表

名　称	含　义	常规值
温度补偿	控制器一般都有温度补偿功能，以适应不同的环境工作温度，为蓄电池设置更为合理的充电电压	
工作环境温度	一般指长时间正常工作的一个温度范围	在 −20~ +50 ℃
其他保护功能	控制器输入、输出短路保护功能； 防反充保护功能； 极性反接保护功能； 防雷击保护功能； 耐冲击电压和冲击电流保护	

5.光伏控制器选配原则

配置选型要根据整个系统的各项技术指标并参考厂家提供的产品样本手册来确定。光伏控制器的选配步骤如图 3-2-6 所示。

光伏发电系统中蓄电池的充放电、光伏路灯系统的开关灯等都是通过设置和智能化控制的，这些都是靠光伏控制器对电流的管控，就像生活中的交通警察。

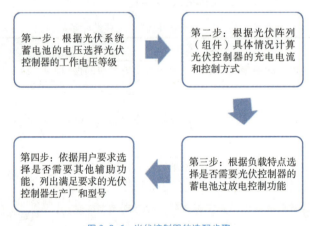

图 3-2-6　光伏控制器的选配步骤

🔖👤 小提示

光伏控制器的选配指标

系统工作电压：指太阳能发电系统中蓄电池组的工作电压，这个电压要根据直流负载的工作电压或交流逆变器的配置来确定，一般有 12 V、24 V、48 V、110 V 和 220 V 等。

光伏控制器的额定输入电流和输入路数：光伏控制器的额定输入电流取决于太阳能电池组件或方阵的输入电流，光伏控制器的额定输入电流应等于或大于太阳能电池的输入电流。

光伏控制器的额定负载电流：指光伏控制器输出到直流负载或逆变器的直流输出电流，该数据要满足负载或逆变器的输入要求。除上述主要技术数据要满足设计要求以外，还要使用环境温度、海拔高度、防护等级和外形尺寸等参数以及生产厂家和品牌。

『学习总结』

1. 学完本内容后，你对光伏控制器作用能说出几个？

4 个以上□   3 个□   2 个□   1 个□   1 个都不会□

2. 学完本内容后，你对光伏阵列最大功率跟踪（MPPT）理解情况是：

理解□   比较模糊□   不能理解□

3. 你对光伏控制的选型的掌握情况是：

能选择□   没有把握□   不能选择□

『拓展延伸』

太阳能路灯控制器

太阳能路灯是以太阳的光为主要能源，白天可以自主充电、晚上使用。无须铺设任何复杂、昂贵的电路管线等，同时还可以任意调整灯具的布局，安全、高效、节能并且无其他污染；充电和使用开关的过程采用光控自动控制，无须人工操作，工作稳定可靠，节省电费和电力资源，免维护；太阳能路灯的实用性已充分得到了人们的认可。太阳能控制器应用于太阳能光伏系统中，其全称是太阳能充放电控制器，协调太阳能电池板、蓄电池、负载的工作，是光伏系统中非常重要的组件。它使整个太阳能光伏系统高效，安全地运作。

1. 控制器的选择

控制器在选择时，一是应该选择功耗较低的控制器，控制器 24 小时不间断工作，如其自身功耗较大，则会消耗部分电能，最好选择功耗在 1 mA 以下的控制器。二是要选择充电效率高的控制器，具有 MCT 充电模式的控制器能自动追踪电池板的最大电流，尤其在冬季或光照不足的时期，MCT 充电模式比其他高出 20% 左右的效率。三是应选择具有两路调节功率的控制器，具有功率调节的控制器已被广泛推广，在夜间行人稀少时段可以自动关闭一路或两路照明，节约用电，还可以针对 LED 灯进行功率调节。除选择以上节电功能外，还应该注重控制器对蓄电池等组件的保护功能，像具有涓流充电模式的控制器就可以很好地保护蓄电池，增加蓄电池的寿命，另外设置控制器欠压保护值时，尽量把欠压保护值调在 ≥ 11.1 V，防止蓄电池过放。

2. 控制器的接线

如图 3-2-7 所示常见的太阳能路灯控制器有六线、五线和四线。虽然数量不同，但接线时只是略有不同。接线的原则是光伏板一组线、蓄电池一组线、输出到灯一组线。其中六线控制器每组两根线，五线控制器将光伏板和蓄电池组的正极共用一根公共线，四线控制器则是三组共用一根公共线。接线时注意观察各端子的标记则可。

图 3-2-7　三种不同线路数量的控制器

3. 控制器的选用

一般按照电流来，而电流主要看电池板的功率跟蓄电池电压之比和负载功率跟蓄电池电压之比，取比值大的数。比如负载是 60 W，电池板配 100 W，蓄电池电压 12 V，60 W/12 V ＝ 5 A，100 W/12 V ＝ 8.333 A，所以选择 12 V 10 A 的太阳能控制器。当然，还需要其他的功能，比如当蓄电池没电需要负载保持工作，就可以要市电互补控制器；想要灯在前 5 个小时全功率，后半夜半功率，那就要选择带半功率的控制器；需要从天黑亮到 0 点，0 点后自动关闭负载，凌晨 4 点又亮到天亮，可以选择双时段的控制器；如果这个系统有两个负载分别需要各自的控制器，则可以选择双路控制器。

3.3　魔术大师——逆变器

『学习情景』

图 3-3-1　草原光伏发电

卓玛在草原上放牧，家里用电都靠太阳能发电，如图 3-3-1 所示，家里的直流灯可以开了。卓玛想要是能看上电视就好了，苦恼于光伏发电是直流电没办法使用电视机，你能帮她请来电能魔术大师吗？

『学习目标』

1. 学习逆变器的分类。

2. 学习逆变器的工作过程。

3. 感知逆变器在光伏发电中的重要作用，提升学习探究能力。

『学习探究』

生活中有很多时候需要将电流进行转换，比如手机充电器将交流 220 V 电转化成 5 V 的直流电供手机充电使用。因为光伏电池所发的电为直流电，LED 灯可直接使用直流电，而我们的电视机使用的是交流电，所以要对电流进行变换才能使用。

 做一做

自制简易逆变器

准备：
三极管 2N3055 两个，双 12 V 变压器 1 个，电阻 400 Ω1 W 两个，12 V 电源 1 个

第一步：
准备双 12 V 工频变压器 1 只

第二步：
2 只三极管按照原理图和 2 个电阻连接起来

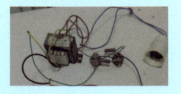

第三步：
把三极管和变压器连接起来

第四步：
通电测试，节能灯成功点亮，说明
成功
注意：
逆变电路输出 220 V，电压高一定
要注意安全

1. 直流电与交流电

迈克尔·法拉第和波利特·皮克西最早发现了交流电。如图 3-3-2 所示，交流电的电流一会从相线流到零线，一会从零线流到相线。这里所说的"一会"是很短的时间，如交流电 50 Hz，意指交流电的方向每 1/50 s(0.02 s)改变一次。与交流电不同，直流电的大小和方向都不会发生变化，不具有周期性，电流只会在固定电压下单向流动，直流电就是恒定的电流从正极流到负极。

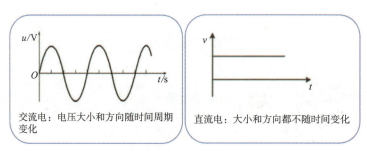

图 3-3-2　交直流电波形图

 读一读

"电流大战"与"兼容并存"

在 19 世纪 90 年代，发生了著名的交流电与直流电之战，使得两大电力巨头卷入了这场"电流大战"。托马斯·爱迪生支持的直流电被尼古拉·特斯拉支持的交流电所威胁。为了败坏交流电的名声，爱迪生采取了一些手段误导大众，他不惜用交流电来电死一头大象，以此来告诉世人交流电的致命性危险。

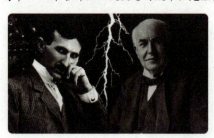

然而，这个并没有影响特斯拉想要推广更为廉价且高效的电能的梦想。最终，特斯拉的梦想实现了，交流电占据了主导地位，统治了一个多世纪，不管是家庭还是办公室都是使用交流电。不过到了现在，半导体、LED 等技术让直流电又强势回归。

2. 直流变交流

常用的直流电转换交流电的方法有三种（图3-3-3），一是用直流电源带动直流电动机，再机械传动到交流发电机发出交流电。这是一种最古老的方法，但现在仍有人在用，特点是成本低，易维护，目前在大功率转换中还在使用。二是用振荡器（就是目前市场上的逆变器），这是比较先进的方法，成本高，多用于小功率变换。三是机械振子变换器，其原理就是让直流电流断断续续，通过变压器后就能在变压器的次级输出交流电，这是一种比较老的方法，目前基本上已被淘汰。

机械传动方式　　　振荡器方式　　　机械振子变换器

图 3-3-3　直流变交流的方法

3. 认识光伏逆变器

逆变器是一种由半导体器件组成的电力变换装置，如图3-3-4所示，主要用于把直流电能转换成交流电能，是整流变换的逆过程。如图3-3-5所示，光伏逆变器是一种把光伏电池产生的直流电能转换成交流电能的电力转换装置，逆变器是光伏发电系统中的重要组成部分。

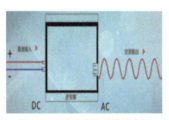

图 3-3-4　直流交流转换示意图

图 3-3-5　逆变器

4. 逆变器的性能指标

逆变器的性能指标包括逆变器效率、额定输出容量、额定输出电压、输出电压的波形失真度、额定输出频率、负载功率因数及保护措施。具体描述如图3-3-6所示。

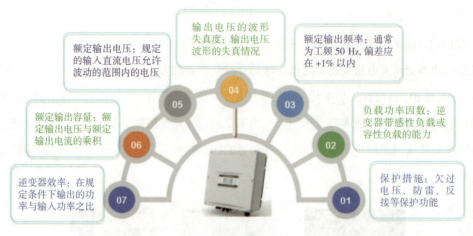

图 3-3-6　逆变器的性能指标

5. 逆变器的电流变换过程

逆变器在进行电流变换时经历了两个过程：第一个过程是先将直流电变为方波交流电，具体过程如图 3-3-7 所示；第二个过程是将方波交流电变成正弦交流电，具体过程如图 3-3-8 所示。

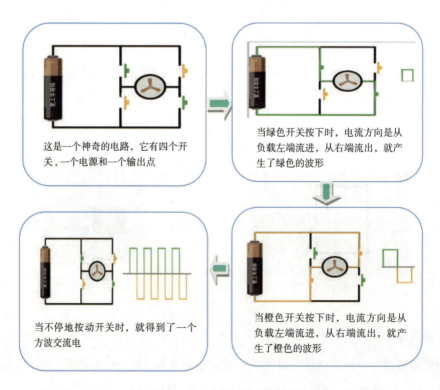

这是一个神奇的电路，它有四个开关，一个电源和一个输出点

当绿色开关按下时，电流方向是从负载左端流进，从右端流出，就产生了绿色的波形

当不停地按动开关时，就得到了一个方波交流电

当橙色开关按下时，电流方向是从负载左端流进，从右端流出，就产生了橙色的波形

图 3-3-7　直流电变方波交流电过程

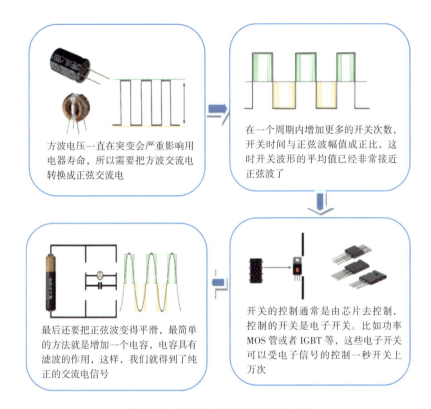

图 3-3-8　方波交流电变成正弦交流电过程

6. 离网逆变器

离网逆变器按电压输出形式分为离网逆方波逆变器、离网阶梯波逆变器、离网正弦波逆变器。具体描述见表 3-3-1。

表 3-3-1　离网逆变器的类型

名　称	波　型	优　点	缺　点
离网方波逆变器	方波	线路简单（使用的功率开关管数量最少）、价格便宜、维修方便，其设计功率一般在数百瓦到几千瓦之间	调压范围窄、噪声较大，方波电压中含有大量高次谐波，因此效率低、电磁干扰大
离网阶梯波逆变器	阶梯波	阶梯波比方波波形有明显改善，波形类似于正弦波，波形中的高次谐波含量少，可以带感性负载在内的各种负载、整机效率高	线路较为复杂、使用的功率开关三极管也较多，电磁干扰严重
离网正弦波逆变器	正弦波	输出波形好、失真度低、干扰小、噪声低，保护功能齐全，整机性能好，技术含量高	线路复杂、维修困难、价格较贵

光伏离网逆变器需要储能，不需要将电量送到电网，是不依赖电网便可以直接运行的发电系统。光伏离网逆变器主要由太阳能电池板、储能蓄电池、充放电控制器、逆变器等部件组成。主要适用于经常停电或者无电无网的地区，具有非常强的实用性。

7. 并网逆变器

光伏并网逆变器是将太阳电池所输出的直流电转换成符合电网要求的交流电并输入电网的电力电子变换器。并网逆变器根据有无隔离变压器，可分为隔离型和非隔离型，具体见表 3-3-2。

表 3-3-2　并网逆变器类型

名　称	拓扑结构	优　点	缺　点
工频隔离型	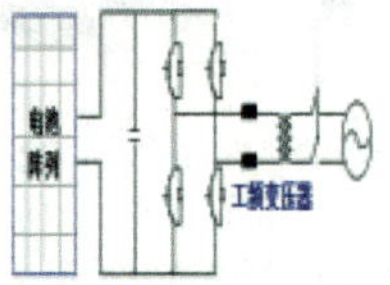	电路相对简单、光伏阵列直流输入电压的匹配范围较大、因为光伏和电网隔离，提高了系统安全性、系统不会向电网注入直流分量	体积大、质量大、增加了系统损耗、成本和安装难度
高频隔离型	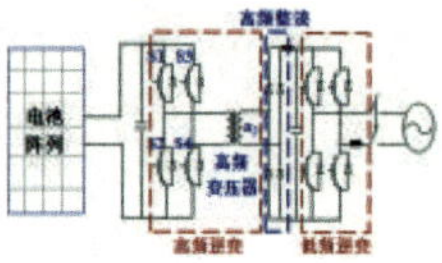	高频变压器比工频变压器体积小、质量轻	电力电子器件较多，拓扑结构较复杂
非隔离型	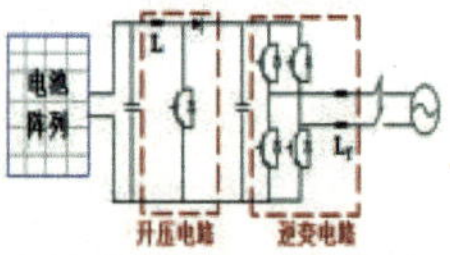	系统结构简单、质量轻、成本低、具有相对较高的效率	容易向电网注入直流分量、降低安全性、会产生太阳电池对地的共模漏电流

光伏并网逆变器就是太阳能发电、家庭电网、公共电网连在一起的，必须依赖现在的电网才能发电。主要由逆变器和太阳能电池板组成，光伏并网逆变器将能量直接传送到电网上，并将多余的电量直接输送到公共电网。当发电量不足时，系统将自动从电网中补充电量。如果要将白天的电储存起来，需添加蓄电池和控制器。

8. 光伏逆变器的选型

光伏逆变器根据其功率等级、内部电路结构及应用场合不同，一般可分为集中型逆变器、组串型逆变器和微型逆变器三种类型。实物如图 3-3-9 所示。

集中型逆变器　　　　　组串型逆变器　　　　　微型逆变器

图 3-3-9　常见逆变器

三种逆变器的各有特点，应用在不同的场合，具体见表 3-3-3 所示。

表 3-3-3　逆变器的特点及选用情况

类　别	单机功率	每路 MPPT 功率	成　本	选用情况
集中型逆变器	500~2 500 kW	125~1 000 kW/MPPT	低	全球 5 MW 以上容量的电站，选用率 98%
组串型逆变器	3~60 kW	6~15 kW/MPPT（三相） 2~4 kW/MPPT（单相）	高	全球 1 MW 以上容量的电站，选用率 50%
微型逆变器	1 kW 以下	0.25~1 kW/MPPT	很高	主要用于北美地区 10 kW 以下的家庭光伏电站

集中型逆变器的主要特点是单机功率大、最大功率跟踪（MPPT）数量少、每瓦成本低。目前国内的主流机型以 500 kW、630 kW 为主，欧洲及北美等地区主流机型单机功率 800 kW 甚至更高，功率等级和集成度还在不断提高，德国 SMA 公司今年推出了单机功率 2.5 MW 的逆变器。按照逆变器主电路结构，集中型逆变器又可以分为单机型和模组并联型两种类型，见表 3-3-4。

表 3-3-4　集中型逆变器类型

类　型	电路结构	交流侧	直流侧	MPPT 数
单机型	一个三相功率电路	/	/	一路
模组并联型	几个独立的三相功率电路（模组）组成	并联馈入电网	独立运行模式	多路（每个模组一路）
			并联主从模式	一路

组串型逆变器的单机功率为 3~60 kW。主流机型单机功率为 30~40 kW，单个或多个 MPPT，一般为 6~15 kW 一路 MPPT。该类逆变器每瓦成本较高，主要应用于中小型电站，在全球 1 MW 以下容量的电站中选用率超过 50%。

微型逆变器的单机功率在 1 kW 以下，单 MPPT，应用中多为 0.25~1 kW 一路 MPPT，其优点是可以对每块或几块电池板进行独立的 MPPT 控制，但该类逆变器每瓦成本很高。目前在北美地区 10 kW 以下的家庭光伏电站中有较多应用。

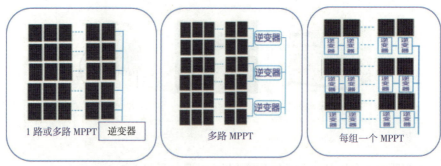

图 3-3-10　逆变器的典型应用

几种逆变器的典型应用如图 3-3-10 所示。光伏组件通过串联形成组串，多个组串之间并联形成方阵，集中型将一个方阵的所有组串直流侧接入 1 台或 2 台逆变器，MPPT 数量相对较少；组串型将一路或几路组串接入一台逆变器，一个方阵中有多路 MPPT，微型逆变器则对每块电池板进行 MPPT 跟踪。

逆变器最主要的作用就是完成直流到交流的转换，就像我们生活中的魔术师一样，将物质的形态等进行了变换。光伏发电系统通常以逆变器为核心的设计选型，需要在光伏系统生命周期内寻找总发电量和总成本的平衡点，还要考虑电网的接入，如故障穿越能力、电能质量、电网适应性等方面的要求。依据各种逆变器的特点，结合所应用的光伏电站实际情况，从电网友好、高投资回报、方便建设维护等方面进行科学合理的选用。

『 学习总结 』

1. 结合本章的学习，你知道什么是光伏逆变器了吗？

知道□　　　　　比较模糊□　　　　　不能理解□

2. 学完本内容后，你对光伏逆变器分类的掌握情况是：

能讲解□　　　　能记住□　　　　能理解□　　　　不能理解□

3. 学完本内容后，你能说出光伏逆变器应用的领域吗？

能说出 5 个及以上□　　能说出 3 个□　　能说出 1 个□　　不能说出□

『 学习延伸 』

华为智能"助力"光伏

2020 年 9 月 26 日 17 时 18 分，国家电投集团黄河公司负责建设的青海省海南州特高压外送通道配套电源海南州地区 2.2 GW 五个标段光伏项目相继并网发电，这是全球首条远距离、100% 输送可再生能源的特高压通道，是全球单体规模最大、最短时间建成的新能源发电项目，也是青海省和国家电投集团今年最大的增量项目。

图 3-3-11 2.2 GW 光伏并网

世界光伏看中国，中国光伏看青海，青海光伏看黄河。这个项目不论是设备选型、施工标准，还是先进技术的使用，都达到了现阶段行业的最高水平，是最具标杆性和里程碑意义的项目，同时也再次刷新了全球最大单体光伏规模的纪录。本次并网的 2.2 GW 光伏项目位于青海省共和县三塔拉，平均海拔超过 3 000 m，包含 5 个标段，共 672 个子阵，配套建设 3 座 330 kV 升压站，光伏板安装总量超过 700 万元；全部采用组串逆变器，而仅华为一家就供货 1.6 GW，成为份额最大且绝对领先的核心供应商。作为全球首条远距离、100% 输送可再生能源的特高压通道，新能源高电压穿越能力成为保障电网安全稳定的必要条件。

图 3-3-12 华为逆变器

华为智能组串逆变器，首个通过新国标考核，支持电网短路容量比 SCR 下限 1.5，具有高穿功率不降额及好的弱电网接入能力和故障穿越能力，能更有效地支撑全场景电网环境的稳定运行。

4 高效利用汇于站

光伏发电技术应用广泛，理论上可以用于任何需要电源的场合，上至航天器，下至家用电源，大到兆瓦级电站，小到玩具，光伏电源无处不在。光伏发电系统是利用太阳电池组件和其他辅助设备将太阳能转换成电能的系统。一般我们将光伏系统分为"自发自用"型、"全额并网"型和"余电上网"型系统。

4.1 "自发自用"发电模式

离网发电系统

『学习情境』

小张家住在湖北省武汉市（经度 114°30′，纬度 30°60′，平均海拔高度 23.3 m），那里太阳能资源比较丰富。家里有空调、日光灯、电饭锅等家用电器，他想安装一套"自发自用"发电模式的光伏系统，你能帮帮他吗？

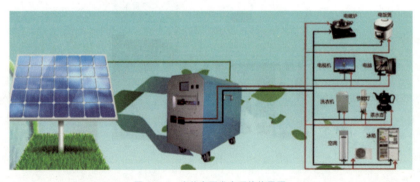

图 4-1-1　光伏离网发电系统构思图

『学习目标』

1. 学习"自发自用"发电模式的结构。

2. 学习选择离网发电系统的设备。

3.感受光伏发电的应用，体验"知识探究"带来的乐趣。

『学习探究』

"自发自用"光伏电站是独立光伏系统中规模较大的应用。它的主要特点就是集中供电，如在一个十几户的村庄就可建立光伏电站来利用太阳能，当然这是在该村庄地理位置较偏远，无法直接利用电力公司电能的情况下，所能用到的方法。如图 4-1-2 所示，光伏离网发电系统一般分为小型直流系统、中小型离网发电系统、大型离网发电系统。小型直流系统主要是解决无电地区最基础的照明需求；中小型离网系统主要是解决家庭、学校、小型工厂的用电需求；大型离网发电系统主要是解决整个村庄，整个岛屿的用电需求，该系统现在也属微网系统范畴。

小型离网发电系统　　中型离网发电系统　　大型离网发电系统

图 4-1-2　典型离网型发电系统实景图

1.选择离网发电系统方案

确定系统方案之前必须先统计用户的平均日用电功率，用户平均日用电量如表 4-1-1 所示。

表 4-1-1　日用电量统计清单

序 号	电器名称		功　率		电器数量	平均使用时间 / $(h \cdot d^{-1})$	耗电量 /$(Wh \cdot d^{-1})$	
			min/W	max/W			日电量 min/Wh	日电量 max/Wh
1	灯具	日光灯	40	60	4	2	320	480
2		节能灯	5	50	4	2	40	400
3		LED 灯	5	20	4	4	80	320
4	1.5 匹空调		1 200	1 400	2	2	4 800	5 600
5	水空调		1 000	1 200	1	2	2 000	2 400
6	小型洗衣机		100	200	1	1	100	200

续表

序号	电器名称		功率		电器数量	平均使用时间 / (h · d⁻¹)	耗电量 /(Wh · d⁻¹)	
			min/W	max/W			日电量 min/Wh	日电量 max/Wh
7	电视机	液晶电视机	25	100	2	4	200	800
8		纯平电视机	11	100	1	4	44	400
9		模拟接线盒	10	15	2	4	80	120
10		卫星接收器	15	20	1	4	60	80
11	笔记本电脑		20	50	1	4	80	200
12	风扇		5	20	2	4	40	160
13	电热器	电热水壶	800	1 500	1	0.5	400	750
14		吹风机	600	1 000	1	0.3	180	300
15		电热毯	60	100	2	6	720	1 200
16		电饭煲	500	900	1	1	500	900
17	微波炉		750	1 100	1	0.3	225	300
18	冰箱		100	150	1	24	2 400	3 600
电器总功率：				8 210				18 420
同时使用率为 0.6：				4 926				11 052
说明：连续阴雨天为 2 天，准备建一个光伏方阵为 5 kW 的电站								

数据统计，不单是总功率统计，还要进行数据分析。主要分析用电的电流形式和用电时间。

 做一做

通过表 4-1-1 数据作统计

1. 用户的用电器总功率为＿＿＿W，通过使用率折合后为＿＿＿W；结合每日各用电器的使用时间，每日需要电能＿＿＿W·h=＿＿＿kW·h，增加 5% 的预期负荷留量，最后理论结果为＿＿＿kW·h。

2. 用电器使用时间：白天□ 夜晚□，需要□ 不需要□ 蓄电池。

3. 用电器的电流形式：交流□ 直流□，系统需要□ 不需要□ 逆变器。

通过数据分析处理后，得到如图 4-1-3 所示，光伏太阳能离网发电系统由太阳能电池板（阵列）、控制器、蓄电池、逆变器、用户（即照明负载）等组成。其中，太阳能电池组件和蓄电池为电源系统，控制器和逆变器为控制保护系统，负载为系统终端。

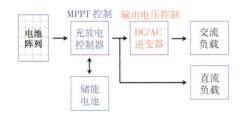

图 4-1-3 离网发电系统方框结构图

本光伏离网发电系统将通过控制器将电能储存到蓄电池，再连接到离网逆变器，并通过逆变器将直流电转化成交流电供交流负载使用。

2. 选择蓄电池

蓄电池容量是根据系统日用电量、自给天数、逆变器效率以及蓄电池放电深度决定的。蓄电池的容量选择是家用太阳能光伏系统的关键问题之一，是系统中维护成本最高的，所以合理选择蓄电池容量是非常重要的。

蓄电池容量计算公式：蓄电池容量 =（日均耗电量 × 自给天数）÷（蓄电池放电深度 × 逆变器效率 × 系统电压）

 做一做

蓄电池容量设计

1. 见表 4-1-1，该离网系统日均耗电量为 11.6 kW·h，自给天数（连续阴雨天）为 2 天，系统电压设为 72 V，逆变器理论效率取 0.85；蓄电池放电深度取 0.85；那么通过蓄电池容量公式计算蓄电池容量为____A·h。

2. 蓄电池电压设为 72 V（每个电池电压为 12 V），电池串连个数为____；容量见题 1（每个电池为 200 A·h），则电池是____组并联；请用笔进行电池的串并联连接。

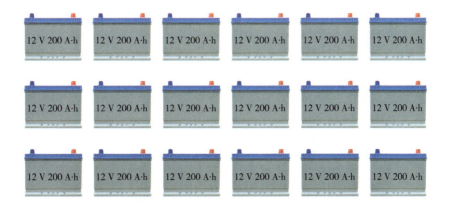

3. 选择光伏方阵

光伏组件水平倾角的设计主要取决于光伏发电系统所处纬度和对一年四季发电量分配的要求。对于一年四季发电量要求基本均衡的情况，可以按表4-1-2所示方式选择组件倾角。

表4-1-2　四季均衡倾角选择参考

序　号	纬　度	选择要求
1	纬度 0°~25°	倾角等于纬度
2	纬度 26°~40°	倾角等于纬度加 5°~10°
3	纬度 41°~55°	倾角等于纬度加 10°~15°
4	纬度 > 55°	倾角等于纬度加 15°~20°

 做一做

支架倾角选择

本离网发电系统位于北纬30°，考虑采用一年四季均衡发电模式，故组件倾角选取参考范围为_____。

组件容量本次离网光伏发电系统为 5 kW，可直接按 5 kW 组件容量设计。组件串并联按下面公式进行：

总组件数＝光伏组件阵列容量 / 每个组件的最大容量

串联数＝系统电压 / 组件电压

并联数＝总块数 / 串联数

 做一做

支架倾角选择

1. 本离网发电系统为 5 kW（光伏阵列容量），欲选择单块容量为 250 W 组件，则组件总数为____块。

2. 系统电压设置为 72 V，组件电压为 36 V，则组件的每组串联____块；总块数见题 1，则并联____组。

3. 按上面的计算用笔串并连接光伏组件构成光伏方阵。

屋顶安装固定式光伏阵列，太阳能光伏阵列的安装支架必须考虑前后排间距，以防止在日出日落的时候前排光伏组件产生的阴影遮挡住后排的光伏组件而影响光伏方阵的输出功率，应根据建设光伏发电系统地区的地理位置、太阳运动情况、安装支架的高度等因素，具体查询公式和按实际情况调整。

 小提示

工程提示

　　组件实际工作温度的升高（60 ℃）将导致实际最大功率点工作电压的下降，下降系数为 −0.43%/℃（−23.6 V）；同时，辐照度在较低情况下（200 W/m² 以下），工作电压也随之下降，通常为 92% 左右（−12.56 V）；另外，加上线路及电器连接之间的电压下降（−0.7 V），实际工作电压会降低，同时还应设置电压值应高于蓄电池电压，否则无法完成蓄电池充电。

4. 选择离网逆变器

对于家用太阳能光伏电源系统，必须要有交流电力输出，需要在系统中加入交流逆变器。逆变器的主要功能是将直流电转化为 50 Hz 交流电。离网逆变器的输出波形畸变、频率误差等应满足相应技术的要求。此外，逆变器必须具有短路、过压、欠压保护等功能，逆变器容量计算公式如下：

$$逆变器容量 = 负载总功率 /0.8 = 4\ 926\ W/0.8 = 6\ 158\ W$$

 做一做

离网逆变器的功率选择

　　表 4-1-1 所示，本离网发电系统负载总功率为 4 926 W，那么我们选择的逆变器功率一定高于_____W。

5. 选择光伏控制器

控制器作为光伏发电系统的重要组成部分，对蓄电池的充、放电进行合理的管理，直接影响蓄电池的使用寿命，也将影响整个系统的稳定性。控制器还需要具备以下功能：高压断开和恢复、低压警告和恢复、低压断开和恢复、防短路保护、防反充保护、温度补偿以及定时开关功能。

控制器电流计算公式：电流＝组件容量 / 系统电压

通过以上选择和组合，最后小张家的自发自用式光伏发电系统结构如图 4-1-4 所示，光伏方阵采用 250 W 电池组件 2 串 10 并的方式，在汇流箱汇流输入光伏控制器；蓄电池采用6串3并的方式连接到光伏控制器；光伏控制器输出到逆变器，逆变器将直流转换成交流电供家用电器使用。

🖐 做一做

光伏控制器的电流选择

表4-1-1所示，本离网发电系统光伏组件容量为5 kW，那么我们选择的光伏控制器的电流一定高于_____A。电压参考系统直流部分的电压设为72 VW。

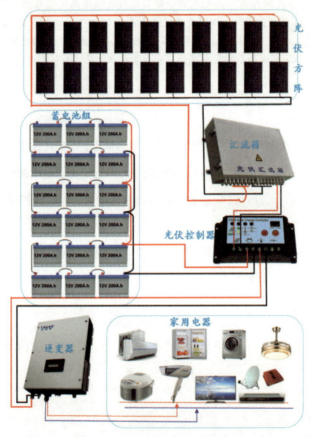

图4-1-4 "自发自用"发电模式结构图

如图4-1-5所示，"自发自用"发电模式适应领域较多，比如：家庭供电，特别适用于独立式居住的家庭，如城市别墅区、农村家庭等。对于城市居民小区，居住在顶楼的住户或私家阳台较大的家庭也较合适；学校供电，特别适用于中小学和幼儿园，在这些地方，一般白天用电较多，且用电量不大；医院供电可与医院的应急供电系统融合在一起，可有效提高医院应急电源的可靠性和经济性；城市小区公共供电，可安装在城市小区公共部分，接入小区的公用电房,作为小区公用电使用;政府部门、企事业单位办公大楼供电,集中安装在办公大楼的顶层,作为公用电接入大楼低压配电柜中。

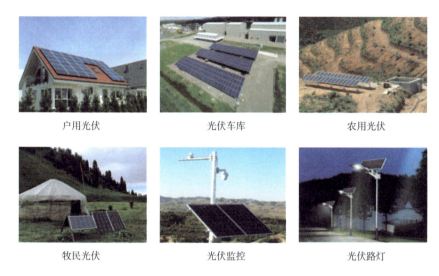

户用光伏　　　　　　　　光伏车库　　　　　　　　农用光伏

牧民光伏　　　　　　　　光伏监控　　　　　　　　光伏路灯

图 4-1-5　"自发自用"发电模式应用场景

『学习总结』

1. 你对自发自用模式的理解程度是?

能讲解☐　　能记住☐　　　能理解☐　　　不能理解☐

2. 你能对光伏组件、蓄电池、光伏控制器、逆变器进行选择吗?

4 个☐　　　3 个☐　　　2 个☐　　　1 个☐　　　不会选择☐

3. 如果让你给小张家"自发自用"发电系统制作一张材料清单,你能行吗?

能☐　　　没有把握☐　　不能☐

『学习延伸』

户用光伏系统接地的几种方法

光伏电站使用寿命长达 25 年以上,前提是设备质量及安装工艺规范,其中,接地是十分重要的一个步骤。接地不当会因设备对地绝缘阻抗过低或漏电流过大而报错,影响发电量,甚至还可能危害人身安全。那么,光伏电站应该如何正确接地呢?

1.组件侧接地

很多人认为组件与支架均为金属体,直接接触导通,只要做了支架的接地处理就不用再做组件了。实际上组件铝边框与镀锌支架或铝合金支架都做了镀层处理，满足不了接地要求。而且组件存在老化问题，可能产生漏电流过大或者对地绝缘阻抗过低等问题。如果边框不接地，几年之后，逆变器很可能报相应的故障，导致系统不能正常发电。

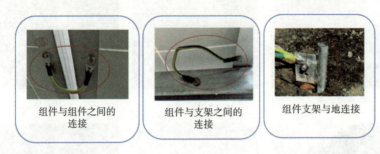

组件与组件之间的　　　　组件与支架之间的　　　　组件支架与地连接
连接　　　　　　　　连接

图 4-1-6　光伏组件接地示意图

接地及连接方式见图 4-1-6 所示，光伏组件的防雷接地电阻要求应小于 10 Ω，逆变器和配电箱接地电阻应小于 4 Ω。对于不达要求的接地电阻，通常采用添加降阻剂或选择土壤率较低的地方埋入。

2. 逆变器侧接地

逆变器侧接地包括工作接地和保护接地。如图 4-1-7 所示，一般工作接地（PE 端）接到配电箱里的 PE 排上，再通过配电箱接地。逆变器机身的右侧有一个接地孔是用作重复接地的，可保护逆变器和操作人员的安全。

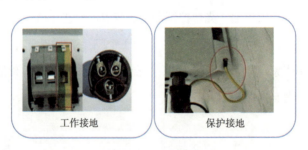

工作接地　　　　　　　　保护接地

图 4-1-7　逆变器接地

3. 配电箱侧接地

配电箱侧接地主要包括防雷接地和箱体接地。交流侧防雷保护一般由熔断器或断路器和防雷浪涌保护器构成，主要对感应雷电、直接雷或其他瞬时过压的电涌进行保护，SPD 的下端接到配电箱的接地排上。根据《建筑电气工程施工质量验收规范》中 6.1.1：柜、屏、台、箱、盘的金属框架及基础型钢必须接地（PE）或接零（PEN）可靠；装有电器的可开启门，门和框架的接地端子间应用黄绿色铜线连接，配电箱的柜门与柜体要做跨接线，保证可靠接地，如图 4-1-8 所示。

光伏电站需从组件侧、逆变器侧、配电箱侧三个方面做好系统的接地工作，减少后期不必要的运维，以保障系统稳定安全高效地运行。

图 4-1-8 配电箱的柜门与柜体的连接

4.2 "全额并网"发电模式

并网发电系统

『学习情境』

小李在光伏发电设计公司做客户服务，最近接到一个 1 MWp 的太阳能光伏并网发电系统项目，公司技术组通过讨论后，决定采用分块发电、集中并网方案，将系统分成 4 个 250 kW 的并网发电单元，每个 250 kW 的并网发电单元都接入 10 kV 升压站的 0.4 kV 低压配电柜，经过 0.4 kV/10 kV（1 250 kVA）变压器升压装置，最终实现整个并网发电系统并入 10 kV 中压交流电网。接下来，小李将该"全额并网"电站设计的具体情况向客户汇报。

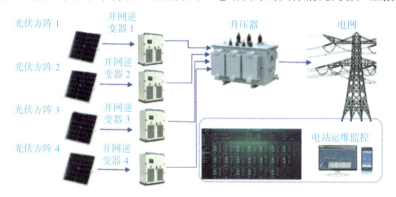

图 4-2-1 1 MWp 光伏全额并网发电系统构思图

『学习目标』

1. 学习"全额并网"发电模式的结构。

2. 学习选择并网发电系统的设备。

3. 感受光伏技术在大型发电站的应用，提升"节能减排"意识。

『学习探究』

并网光伏发电系统就是太阳能组件产生的直流电经过并网逆变器转换成符合市电电网

要求的交流电之后直接接入公共电网。并网光伏发电系统有集中式大型并网光伏系统，也有分散式小型并网光伏系统。集中式大型并网光伏电站一般都是国家级电站，主要特点是将所发电能直接输送到电网，由电网统一调配向用户供电。常规并网光伏发电系统一般分为，有逆流并网光伏发电系统、无逆流并网光伏发电系统和切换型并网光伏发电系统三大类。

　　有逆流并网光伏发电系统如图 4-2-2 所示。当太阳能光伏系统发出的电能充裕时，可将剩余电能馈入公共电网，向电网供电（卖电）；当太阳能光伏系统提供的电力不足时，由电网向负载供电（买电）。由于向电网供电时与电网供电的方向相反，所以称为有逆流光伏发电系统。

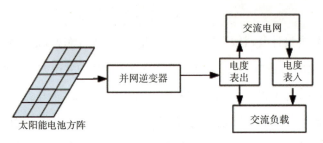

图 4-2-2　有逆流并网光伏发电系统

　　无逆流并网光伏发电系统也称"全额并网"发电系统，如图 4-2-3 所示。太阳能光伏发电系统即使发电充裕也不向公共电网供电，但当太阳能光伏系统供电不足时，则由公共电网向负载供电。

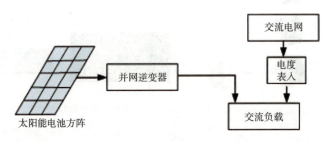

图 4-2-3　无逆流并网光伏发电系统

　　切换型光伏并网发电系统如图 4-2-4 所示。所谓切换型并网光伏发电系统，实际上是具有自动运行双向切换的功能。一是当光伏发电系统因多云、阴雨天及自身故障等导致发电量不足时，切换器能自动切换到电网供电一侧，由电网向负载供电；二是当电网因为某种原因突然停电时，光伏系统可以自动切换使其与电网分离，成为独立光伏发电系统工作状态。有些切换型光伏发电系统，还可以在需要时断开为一般负载的供电，接通对应急负载的供电，一般切换型并网光伏发电系统都带有储能装置。

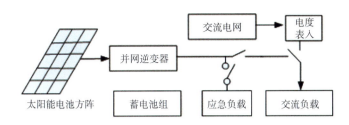

图 4-2-4 切换型并网光伏发电系统

1. 选择并网逆变器

此次光伏并网发电系统设计为 4 个 250 kW 并网发电单元，每个 250 kW 并网发电单元配置 1 台型号为 250 kW 并网逆变器，整个系统配置 4 台 250 kW 并网逆变器，组成 1 MWp 并网发电系统，并网逆变器技术指标见表 4-2-1。

表 4-2-1 并网逆变器技术指标

直流侧参数	额定输入功率	250 kW
	最大直流电压	DC880 V
	最大功率电压跟踪范围	DC450~820 V
	最大直流功率	275 kWp
	最大输入电流	600 A
交流侧参数	输出功率	250 kW
	额定电网电压	AC400 V
	允许电网电压	AC310~450 V
	额定电网频率	50~60 Hz
	允许电网频率	47~51.5 Hz/57~61.5 Hz
	总电流波形畸变率	< 3%（额定功率）
	功率因素	≥ 0.99（额定功率）
系 统	最大效率	97.1%
	欧洲效率	96.5%
	防护等级	IP20（室内）
	夜间自耗电	< 100 W
	允许环境温度	−25~ +55 ℃
	冷却方式	风冷
	允许相对湿度	0~95%，无冷凝
	允许最高海拔	6 000 m

2. 选择太阳能电池组件

本系统选用单块为 265 Wp（36 V）单晶硅太阳能电池组件，其工作电压为 35 V，开路电压约为 44 V。250 kW 并网逆变器的直流工作电压范围为直流 450~820 V，最佳直流电压工作点为直流 560 V。

经过计算（560 V ÷ 35 V=16）得出，每个光伏阵列可采用 16 块电池组件串联。

每个光伏阵列的峰值工作电压为 560 V，开路电压为 704 V，满足逆变器的工作电压范围。

对于每个 250 kW 并网发电单元，需要配置 960 块 265 Wp 电池组件，组成 4 个光伏阵列。整个 1 MWp 并网系统需配置 3 840 块 265 Wp 电池组件。由 16 片 265 W 组件组成一个阵列。每个光伏阵列的原理连接图如图 4-2-5 所示。

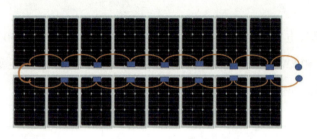

图 4-2-5　光伏阵列连接图

 做一做

光伏组件的选择

如果本系统选用单块为 500 Wp（48 V）单晶硅太阳能电池组件，其工作电压为 55 V，开路电压约为 50 V。250 kW 并网逆变器的直流工作电压范围为直流 450~820 V，最佳直流电压工作点为直流 560 V。

1. 该系统每个光伏阵列可采用_____块电池组件串联。

2. 每个光伏阵列的峰值工作电压为 560 V，开路电压为___V。

3. 对于每个 250 kW 并网发电单元，需要配置_____块 500 Wp 电池组件，组成 4 个光伏阵列。

4. 整个 1 MWp 并网系统需配置____块 500 Wp 电池组件。

3. 选择光伏阵列防雷汇流箱

为了减少光伏阵列到逆变器之间的连接线及方便日后维护，在室外配置光伏阵列防雷汇流箱，该汇流箱可直接安装在电池支架上。光伏阵列防雷汇流箱的性能特点如图 4-2-6 所示。

图 4-2-6　光伏阵列防雷汇流箱的性能特点

户外壁挂式安装防水、防锈、防晒满足室外安装使用

可同时接入 6 路光伏阵列，每路光伏阵列的最大允许电流为 10 A

光伏阵列的最大开路电压值为 DC900 V

光伏防雷汇流箱
特点

直流输出正负极之间配有光伏专用高压防雷器，进行防雷

每路光伏阵列配有光伏专用高压直流熔丝进行保护，其耐压值为直流 1 000 V

直流输出母线端配有可分断的直流断路器

光伏阵列防雷汇流箱的电气结构如图 4-2-7 所示。每个 250 kW 并网单元配置 10 台汇流箱，整个 1 MWp 并网系统需配置 40 台光伏阵列防雷汇流箱。

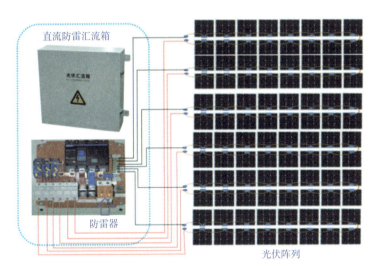

直流防雷汇流箱

防雷器

光伏阵列

图 4-2-7　光伏阵列防雷汇流箱的电气结构

📖👤 小提示

电涌

电涌保护器（Surge Protective Device）是电子设备雷电防护中不可缺少的一种装置，过去常称为"避雷器"或"过电压保护器"，英文简写为 SPD。电涌保护器的作用是把窜入电力线、信号传输线的瞬时过电压限制在设备或系统所能承受的电压范围内，或将强大的雷电流泄流入地，保护被保护的设备或系统不受损坏。

4. 选择直流防雷配电柜

太阳电池阵列通过光伏阵列防雷汇流箱在室外进行汇流后，通过电缆接至配电房的直流防雷配电柜，再进行一次总汇流，每个 250 kW 并网单元配置 1 台直流防雷配电柜。每台直流配电单元接入 10 台光伏阵列防雷汇流箱，汇流后接至 250 kW 逆变器。整个并网系统需配置 4 台直流防雷配电柜。直流防雷配电柜的电气接线如图 4-2-8 所示，直流防雷配电柜的每个配电单元都具有可分断的直流断路器、防反二极管和防雷器。

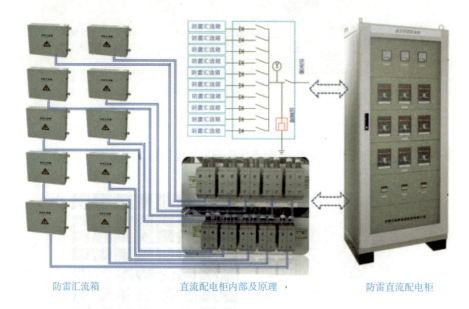

防雷汇流箱　　　　　直流配电柜内部及原理　　　　　防雷直流配电柜

图 4-2-8　直流防雷配电柜的电气接线图

5. 并网系统接入电网

本系统采用的 250 kW 并网逆变器适合于直接并入三相低压交流电网（AC380 V/50 Hz），由于整个系统需要并入 10 kV 的交流中压电网，所以本系统需配置 1 个升压站。该升压站主要包含 10 kV 主变（0.4/10 kV，1 250 kW）、10 kV 开关柜，以及直流电源、二次控制柜等装置。系统配置 4 台的交流输出直接接入变电站的 0.4 kV 开关柜，经交流低压母线汇流后通过 10 kV 主变（0.4/10 kV，1 MWp）并入 10 kV 中压交流电网，从而最终实现系统的并网发电功能。本系统的 10 kV 中压交流电网电气结构如图 4-2-9 所示。

10 kV 升压站

10 kV 电网

0.4 kV 交流开关柜

交流配电柜　　并网逆变器

图 4-2-9　并网系统的 10 kV 中压交流电网电气结构

6. 系统监控装置

　　光伏电站监控系统结构图如图 4-2-10 所示，采用高性能工业控制 PC 机作为系统的监控主机，配置光伏并网系统多机版监控软件，采用 RS485 通信方式，连续每天 24 小时不间断对所有并网逆变器的运行状态和数据进行监测。

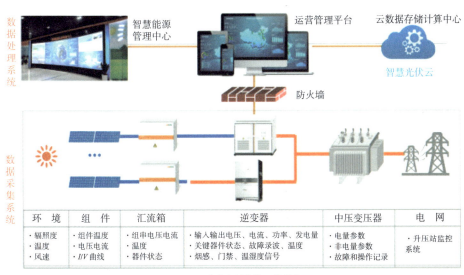

数据处理系统　　智慧能源管理中心　　　运营管理平台　　　云数据存储计算中心

智慧光伏云

防火墙

数据采集系统

环　境	组　件	汇流箱	逆变器	中压变压器	电　网
·辐照度 ·温度 ·风速	·组件温度 ·电压电流 ·I/V 曲线	·组串电压电流 ·温度 ·器件状态	·输入输出电压、电流、功率、发电量 ·关键器件状态、故障录波、温度 ·烟感、门禁、温湿度信号	·电量参数 ·非电量参数 ·故障和操作记录	·升压站监控系统

图 4-2-10　光伏电站监控系统结构图

　　监控系统主要功能结构图如图 4-2-11 所示，监控所有逆变器等设备的运行状态及运行参数，通过光伏并网系统的监测软件可连续记录运行数据和故障数据，如：实时显示电站的当前发电总功率、日总发电量、累计总发电量、累计 CO_2 总减排量以及每天发电功率曲线图；同时集成环境监测功能，主要包括日照强度、风速、风向、室外和室内环境温度和电池板温度等参量；故障原因及故障时间可查看，通过设置，监控装置可每隔 5 min 存储一次电站所有运行数据，可连续存储 20 年以上电站的所有运行数据和所有故障记录。

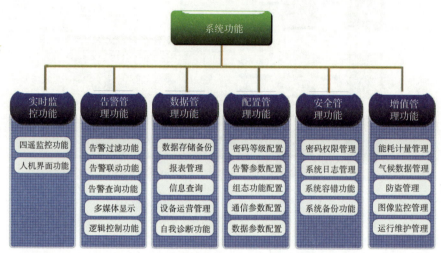

图 4-2-11　监控系统主要功能结构图

通过设备选型及规划，最后对该电站总体所需主要材料进行统计，具体数据见表 4-2-2。

表 4-2-2　1 MWp "全额并网" 电站主要清单

序号	名　称		型号规格	数　量	备　注
1	太阳电池组件（及电池支架）		265 W（36 V）	3 840 块	
2	光伏阵列防雷汇流箱		SPVCB-6	40 台	
3	直流防雷配电柜		SDCPG-3(300 kW)	4 台	
4	光伏并网逆变器		SG250K3	4 台	
5	监控装置	多机版监控软件	SPS-PVNET	1 套	
6		工控机	ARK3389	1 台	
7		液晶显示器	19 in	1 台	大型智慧屏（可选）
8	环境监测仪		SSYW-01	1 台	
9	10 kV 升压站		10/0.4 kV(1 MWp)	1 套	用户自建
10	系统的防雷和接地装置		—	1 套	用户自备
11	土建及配电等基础设施		—	1 套	用户自建
12	系统连接电缆线及防护材料		—	1 套	用户自备

全额并网太阳能光伏发电系统是由光伏电池方阵、控制器、并网逆变器组成，不经过蓄电池储能，通过并网逆变器直接将电能输入公共电网。并网太阳能光伏发电系统相比离网

太阳能光伏发电系统，减少了蓄电池储能和释放的过程，降低了其中的能量消耗，节约了占地空间，还降低了配置成本。并网太阳能发电是太阳能光伏发电的发展方向，是 21 世纪极具潜力的能源利用技术。

『学习总结』

1. 你对"全额并网"发电模式的理解程度是：

能讲解□　　　能记住□　　　能理解□　　　不能理解□

2. 你能否针对"全额并网"选择光伏组件、光伏控制器、逆变器、配电柜吗？

4 个□　　　3 个□　　　2 个□　　　1 个□　　　不会选择□

3. 如果让你帮小张绘制一张比较详细的系统结构图，你能行吗？

能□　　　没有把握□　　　不能□

『学习延伸』

光伏电站为什么一定要配置防孤岛保护装置

随着光伏的兴起，光伏发电安装得越来越多。防孤岛是光伏并网发电系统中不可避免的现象，尤其是在分布式光伏中。目前在很多地方都可以见到光伏发电系统，如厂房楼顶、商业楼顶、住宅屋顶等。对于用户来讲，安装光伏发电系统不仅可以有所收益，同时剩余的电还能补充到电网中。但是对于供电部门来讲，这无疑增加了工作任务。光伏发电流入当地的电网，不仅会对当地电网造成或多或少的影响，同时还增加了用电不安全的隐患。它的危害很大，严重时还可能会危及人身安全，所以很多地区要求加装一些安全设备。因此光伏电站中必须采取必要的措施来避免孤岛的发生，防止孤岛带来的危害。

孤岛现象是指当电网侧失电的时候，电网停止工作，系统不再受电网控制，需要维修人员去检修，这时光伏本侧还处于正常发电状态，还会向电网侧送电，就会形成孤岛效应，给电网侧检修人员带来很大的安全威胁。同样，当光伏本侧出现故障，需要人员检修的时候，而电网侧还有电，这样电网侧有可能会出现向本站返送电的情况，同样会给光伏本侧维修人员带来生命安全方面的隐患。如果装上防孤岛保护装置，当光伏本侧或者电网侧任何一侧失电的时候，防孤岛保护装置都会迅速向并网开关发出命令，使其跳闸，从而很好地保证了光伏两侧维修人员的生命安全。

图 4-2-12 防孤岛保护装置

除了防孤岛保护之外，对于一些分散安装的家庭光伏，使用公用变压器将电能输送到电网的，通常也会用到防孤岛保护装置，如图 4-2-12 所示。对于一些容量稍大的光伏发电并网柜，还要求安装电能质量在线监测装置。因此具体怎么使用，须以当地供电部门要求为准。

4.3 "余电上网"发电模式

分布式发电系统

『学习情境』

江苏省无锡市的小华今年准备对自家房顶进行改造。他的表哥小李在一家光伏设备安装公司上班，得知小华正准备改造房顶就建议他安装自发自用、余电上网卖钱的屋顶光伏设备，如图 4-3-1 所示。小华还在犹豫，表哥就给他算起了经济账。

图 4-3-1 "余电上网"发电模式构思图

『学习目标』

1. 学习"自发自用，余电上网"发电模式的结构。

2. 学习双向电能计量结构及设备。

3. 感受光伏节能，提高"能源供应安全和可持续发展"意识。

『学习探究』

小华家准备安装 5 kW 分布式光伏发电系统。小华家位于江苏省无锡市境内，拟用业主自家屋顶安装光伏组件，项目场区海拔高程约 30 m，是江苏省太阳能资源较为丰富区域之一。根据气象数据可知，全市年平均太阳总辐射量为 4 466.88 MJ/m²，根据《太阳能资源评估方法》（QX/T89—2008），太阳能资源丰富程度为资源较丰富带，能保证项目有较高的发电量。"余电上网"发电模式结构图如图 4-3-2 所示。通过光伏组件将太阳能转换成直流电，经逆变器生成交流电，给负载供电，余电上网。

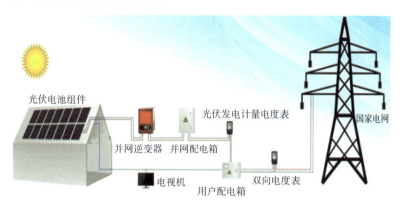

图 4-3-2　"余电上网"发电模式结构图

1. 关键设备选型

光伏组件拟使用 250 Wp 多晶体硅光伏组件，共 20 块，光伏组件必须为知名厂商生产的成熟产品并获得相关认证，主要参数见表 4-3-1。

表 4-3-1　组件参数表

外形尺寸	1 640 mm × 992 mm × 40 mm
质量	18.6 kg
峰值功率	250 Wp
峰值功率误差范围	± 3%
工作电压（V_{mppt}）	30.3 V
工作电流（I_{mppt}）	8.27 A
开路电压（V_{oc}）	38.0 V
短路电流（I_{sc}）	8.79 A
串联电阻	≤ 0.55 Ω
10 年功率衰降	10%
25 年功率衰降	20%
组件线缆参数	1 × 4.0 mm²，− 40～90 ℃，长度 1 000 mm
玻璃含铁量	Fe_2O_3 含量不大于 110 ppm
玻璃可见光透射比（折合约 3 mm 的标准厚度）	大于 91%

组串式逆变器初步拟选择 5 kW 单相并网型逆变器 1 台，必须为知名厂商生产的成熟产品并获得相关认证，主要参数见表 4-3-2 所示。

表 4-3-2　各型号逆变器参数表

	型　号	GW5000-NS
直流输入	最大允许接入组串功率 / W	6 500
	额定直流功率 / W	5 500
	最大直流电压 / V	580
	MPP 电压范围 / V	125~550
	启动电压 / V	120
	最大直流电流 / A	22
	输入路数	2
	MPPT 路数	1
	直流端子类型	MC4/Phoenix/Amphenol
交流输出	最大交流功率 / W	5 000
	最大交流电流 / A	22.8
	额定输出	50/60 Hz；230 Vac
	电流总谐波失真	<3%
	功率因素	0.8 超前 ~0.8 滞后
	电网类型	单相
效率达到相关要求，支持防孤岛保护、输出过流保护、输入反接保护、组串故障检测及交直流浪涌保护。		

防雷配电箱一台，虽然在光伏系统造价中配电箱占比不高，但其在光伏发电系统中起着重要的作用。内部主要器件包括漏电保护器、自复式过欠压保护器、隔离开关和防雷器，配电箱内部器件如图 4-3-3 所示。

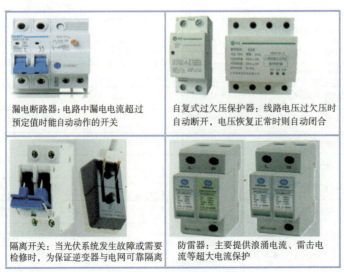

漏电断路器：电路中漏电电流超过预定值时能自动动作的开关

自复式过欠压保护器：线路电压过欠压时自动断开，电压恢复正常时则自动闭合

隔离开关：当光伏系统发生故障或需要检修时，为保证逆变器与电网可靠隔离

防雷器：主要提供浪涌电流、雷击电流等超大电流保护

图 4-3-3　配电箱内部器件

配电箱需要实现电气隔离功能，配电箱能切断光伏组件、逆变器、配电柜和电网之间的电气连接，以便后续系统的安装和维护；同时它具有安全保护功能，当光伏系统出现过流、过压、短路及漏电流等故障时，配电箱能自动切断电路，保护人身和设备安全。

通过所选设备，对该发电系统进行设备及耗材统计，最后统计结果见表4-3-3。

表4-3-3　主要设备清单

序号	设备名称	型号规格	单　位	数　量	备　注
1	晶体硅光伏组件	250 Wp	块	20	共5 kWp
2	支架	铝合金	m	50	
3	紧固件	304不锈钢		若干	
4	光伏并网逆变器	5 kW	台	1	
5	电表箱	304不锈钢	台		单相电表箱+空开
6	配电箱	304不锈钢	台	1	内置备件根据技术要求
7	电缆		套	1	必须使用光伏专用电缆
8	安装工具		套	1	

2. 主要施工内容

安装部分主要包括光伏组件、逆变器、配电箱、电表箱的安装。主要设备的安装注意事项如图4-3-4所示。

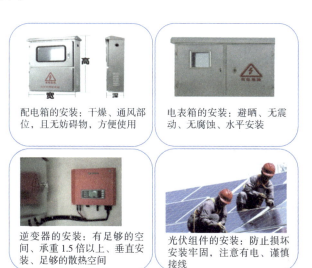

图4-3-4　主要设备的安装注意事项

"余电上网"发电模式电气连接图如图4-3-5所示，工程组件共计20块，每10块为一组串，共为2个直流组串。组件间采用MC4接头连接，直流组串经逆变器逆变后输出单相交流电，通过电缆连接到配电箱以 0.22 kV 并网输出到电源箱。电源箱设置单相表和双向电能表各一块，单相表连接配电箱单元，通过双向电能表接入市电。家用电器接到单相表和双向电能表汇流的地方，单相表可以采集光伏系统的总发电量，双向电能表可以采集余电上网电量。

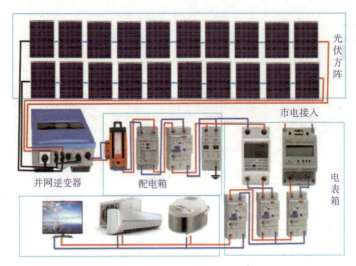

图 4-3-5 "余电上网"发电模式电气连接图

📧 读一读

MC4 接头的制作

3. 发电效益估算

本项目设备价格指标参照以往工程采购价格。建筑安装价格指标参照以往工程实际发生的结算价格指标。其他指标参考以往工程经验。

5 kW 光伏发电项目投资估算见表 4-3-4，工程静态投资 3.75 万元，单位千瓦静态投资 7 500 元 /kW。

表 4-3-4　5 kW 光伏发电项目投资估算

序号	项目名称	单位	晶硅组件			备　注
			投资指标 /（元·W⁻¹）	规模 /kW	金额 / 万元	
1	组件	万元	4	5	2	
2	支架及紧固件	万元	0.95	5	0.475	
3	逆变器	万元	1.0	5	0.5	
4	电表箱	万元	0.2	5	0.1	
5	配电柜	万元	0.3	5	0.15	
6	电缆	万元	0.3	5	0.15	
7	土建工程	万元	0.2	5	0.1	
8	安装工程	万元	0.4	5	0.2	
9	线路改造	万元	0.15	5	0.075	
10	计量电表					供电公司负责
11	接入系统（场外）					供电公司负责
12	工程静态投资	万元			3.75	
13	投资指标	元 /W			7.5	

根据国家相关政策，江苏省无锡市家庭用 5 kW 分布式光伏发电项目总工期为 2 个月。项目并网后供电局和居民签订 20 年的电价收购合同，针对自发自用、余量上网的并网模式，电费收益分为 3 个部分。第一部分为国家补贴，全国分布式补贴统一价格为 0.42 元 /kWh；第二部分为自用部分，自用电价（年度用电 ≤ 2 760 kWh 部分，价格为 0.528 3 元 /kWh，2 760~4 800 kWh 部分，价格为 0.578 3 元 /kWh，≥ 4 800 kWh 部分，价格为 0.828 3 元 /kWh），此自用部分指的是白天光伏发电期间家庭所使用的电量，此部分电量不需要再向供电局缴费；第三部分为余电上网部分，此部分电量为光伏所发电量家里使用不完，多出来的部分，此部分按照 0.378 元 /kWh 的价格由电网公司负责回购，具体见表 4-3-5。

表 4-3-5　余电上网收益分类

并网模式		收益计算
自发自用余量上网	国家补贴部分	0.42 元 /kWh
	自用部分	自用电价（年度用电 ≤ 2 760 kWh 部分，价格为 0.528 3 元 /kWh，2 760~4 800 kWh 部分，价格为 0.578 3 元 /kWh，≥ 4 800 kWh 部分，价格为 0.828 3 元 /kWh
	上网部分	江苏脱硫标杆电价，2016 年为 0.378 元 / kWh

做一做

发电效益估算

1. 一户家庭安装的 5 kW 光伏系统一年共发电 6 000 kWh，自用部分为 3 000 kWh，请计算该家庭的分布式光伏收益。

第一部分国家补贴____元；第二部分自用部分____元；第三部分上网部分____元。

2. 一户家庭安装的 5 kW 光伏系统一年共发电 6 000 kWh，自用部分为 5 000 kWh，请计算该家庭的分布式光伏收益。

第一部分国家补贴____元；第二部分自用部分____元；第三部分上网部分____元。

3. 从上面 1、2 题的数据可以看出，由于现在国家实行的是阶梯电价，如果家庭用电量越大，收益就越____，收回成本时间就越____。

『学习总结』

1. 你对"余电上网"发电模式的理解程度是：

能讲解□　　　能记住□　　　能理解□　　　不能理解□

2. 你能针对"余电上网"选择光伏组件、逆变器、配电箱吗？

3 个□　　　　2 个□　　　　1 个□　　　　不会选择□

3. 参照图 4-3-5，你能进行电气连接吗？

能□　　　　没有把握□　　　不能□

4. 通过学习，你能帮小华计算发电效益吗？

能□　　　　没有把握□　　　不能□

『学习延伸』

户用光伏从"微不足道"到"举足轻重"

当今时代，光伏技术正不断走进人们的生活。截至 2020 年底，全国户用光伏装机已累计超过 20 GW，安装户数预计超过 150 万户。其中，2020 年纳入补贴规模的户用项目达 10.1 GW，创下历史新高。4 月 29 日，国家能源局发布 2021 年一季度能源形势、可再生能源发展情况。截至 2021 年一季度末，我国可再生能源发电装机达到 9.48 亿 kW。其中，光伏发电装机达 2.59 亿 kW，全国可再生能源装机规模稳步扩大。

近年来，我国户用光伏发展表现抢眼。据介绍，2019 年国家安排的户用光伏新增总量为 3.5 GW，但全年实际安装规模达 5.3 GW，截至 2019 年底，全国户用光伏累计安装超过

100 万套。户用光伏贴近用户侧，降低了远距离输送的电能损耗，可减少碳排放，且在建设中不占用额外的土地资源。就"十四五"光伏发展规划，专家表示，"双碳"目标意味着国家产业结构的调整，未来 10 年，新能源装机将保持在 110 GW 以上的年增速。

图 4-3-6　户用光伏应用场景

图 4-3-7　户用光伏家庭式场景

2021 年中央一号文件指出，要加强乡村公共基础设施建设，实施乡村清洁能源建设工程。国家能源局下发了《关于 2021 年风电、光伏发电开发建设有关事项的通知（征求意见稿）》，文件提出积极推进分布式光伏发电的建设，结合乡村振兴战略启动"千乡万村沐光"行动。在多重政策导向下，业界正积极探索户用光伏与乡村振兴战略的深度融合。10 余年间，我国户用光伏产业已从起步阶段的"微不足道"发展至如今的"举足轻重"。基于碳达峰、碳中和目标与乡村振兴战略的良性驱动，还应让户用光伏产业"担当重任"，并提升光伏产业的跨界融合力与创新力。户用光伏让全民实现了从能源消费者到生产者的转变，在未来，新能源装机必将担当电源主力，这也是现代化美丽中国的基础保障。

5　光伏技术方方面

　　随着清洁能源产业的不断发展，加上国家政策的支持，光伏应用逐步深入到人们生活的各个方面。从户用光伏到工商业分布式，从在屋顶及空闲土地安装光伏电站到各种光伏小物件的诞生，光伏发电的应用领域越来越广阔。下面我们一起走近这些适用又美丽的光伏应用场景。

5.1　光伏伴我行

『学习情境』

　　光伏，正在悄然改变着我们的生活方式，给人们的生产、生活带来了许多便利。我们对光伏并不陌生，在日常生活中随处可见，如图 5-1-1 所示，如太阳能风扇遮阳帽子、太阳能路灯、太阳能交通指挥灯等。你知道它的工作过程吗？你知道伴随我们生活的还有哪些光伏类电子产品和应用场景吗？接下来我们一起探索学习吧！

图 5-1-1　在日常生活中随处可见光伏发电

『学习目标』

　　1.学习简单光伏电子产品工作过程。

　　2.学习生活中光伏类电子产品应用场景。

　　3.感知光伏给人类生活带来的便利，增强使用绿色资源的意识。

『学习探究』

一、光伏穿戴电子设备

随着光伏技术逐步发展，越来越多的光伏穿戴电子设备进入我们的日常生活中，如太阳能风扇遮阳帽、太阳能背包、太阳能续航手表等。这些电子产品为我们生活带来了许多便捷，在绿色环保的同时也为我们的生活增添了许多乐趣，深受人们的喜爱。

1. 太阳能风扇遮阳帽

太阳能风扇遮阳帽是既能遮阳又能吹风的帽子，是在遮阳帽中安装一个由太阳能电池组件提供电能的微型风扇，太阳光照越强时，风扇转速越快，风力越大，如图5-1-2所示。太阳能风扇安全帽和太阳能风扇遮阳帽类似，太阳能风扇安全帽用于户外炎热危险区域作业时需对头部进行保护的场所。

图 5-1-2　太阳能风扇遮阳帽

　做一做

自制太阳能风扇遮阳帽

准备材料：
帽子1顶、太阳能电池1块、USB母座1个、USB迷你风扇1台

第一步：
将太阳能电池用双面泡沫胶固定在帽子上

第二步：
用电烙铁将太阳能电池两根导线焊接在USB母座上，USB中间两引脚悬空无须焊接

第三步：
将 USB 迷你风扇插入 USB 母座中

实验验证：
调整好 USB 迷你风扇角度，当太阳光照射太阳能电池时，USB 迷你风扇即可转动

图 5-1-3　太阳能背包

2. 太阳能背包

太阳能背包除了能收纳物品具有背包功能外，还内置"黑科技"，能提供电能为手机及充电宝充电，避免出行时手机没电而不便。太阳能背包相比普通背包面料材质更轻，采用柔性薄膜太阳能芯片，比传统的晶硅太阳能芯片更轻薄，具有柔性，可随意弯曲，光电转换效率高。在背包侧边设有 USB 充电接口，方便背着背包也能同时使用手机，柔性太阳能电池经过特殊封装，具有不错的防水性，遇到雨水在表面形成小水珠，轻轻抖动即可除去雨水，如图 5-1-3 所示。

3. 太阳能续航手表

手表有石英、光动能和机械之分，光动能手表即太阳能手表。太阳能手表内置太阳能电池组件和二次电池，只要表面能接触到弱光就能走时，在没有光的地方也能持续一段时间，达到了不用频繁更换电池就能够长期使用的效果。太阳能续航手表走时精准，在正常温度下使用可做到平均月差 ±15 s，避免因频繁拆卸后盖更换电池致使手表的密封防水效果降低，如图 5-1-4 所示。

图 5-1-4　太阳能续航手表

二、太阳能路灯

太阳能路灯是利用太阳能电池的光生伏特效应原理，白天太阳能电池吸收太阳能能量产生电能通过控制器存储于蓄电池里，夜晚蓄电池开始为光源提供电源。

太阳能路灯在我们生活中随处可见，广泛应用于庭院、景观、马路的照明，如图 5-1-5

所示。太阳能路灯相比普通路灯有很多优越性，见表 5-1-1。

图 5-1-5　太阳能路灯

表 5-1-1　太阳能路灯与普通路灯比较

太阳能路灯	普通路灯
无须电缆，不受位置限制，安装简便； 前期投入大，一次性投资终身受益； 不需支付电费，不受停电限制； 节省能源、促进环保，无污染，符合当今社会发展方向	传统供电方式，需挖沟铺设线缆，安装较复杂； 对于农村、偏远山区等地区安装费用高昂； 需要支付电费，停电则无法使用

1. 太阳能路灯结构

太阳能路灯主要由太阳能光伏电池组件、路灯控制器、灯源、蓄电池、支架等构成，如图 5-1-6 所示。其中，太阳能光伏电池组件是核心，太阳能路灯控制器部件主要有控制蓄电池充放电和控制光源开关，蓄电池是无光照或

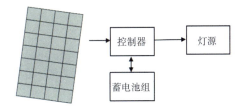

图 5-1-6　太阳能路灯结构

光照弱时为系统补给能量的重要部件，光源是夜间照明的发光体，常用的光源类型有：三基色节能灯、高压钠灯、低压钠灯、LED 灯、陶瓷金卤灯、无极灯等，其常见参数见表 5-1-2。

表 5-1-2　常用光源参数对比

光源种类	光效 /（lm·W^{-1}）	显色指数 /Ra	色温 /K	平均寿命 /h	应　用
三基色节能灯	60	80~90	2 700~6 400	6 000	应用广泛
高压钠灯	100~120	40	2 000~2 400	24 000	道路照明
低压钠灯	150 以上	30	1 800	28 000	太阳能路灯照明
无极灯	55~70	85	2 700~6 500	40 000	特别适合高危和维护困难的场合
LED 灯（白色）	60~80	80	6 500	30 000	应用广泛
陶瓷金卤灯	80~110	90	3 000~4 000	8 000~12 000	用于对照明要求、显色性要求较高场合

低压钠灯光效高，但光谱分布过窄，显色性极差，不适合应用于商业照明，主要用于道路照明，尤其在欧洲地区长期应用。从光源整体性能上讲，目前太阳能路灯最佳配置光源是 LED 灯和低压钠灯。

 读一读

太阳能光伏电池组件

太阳能光伏电池组件是太阳能路灯的核心，有单晶硅太阳能光伏组件、多晶硅太阳能光伏组件、非晶硅太阳能光伏组件等。一般在太阳光充足的地区，采用生产工艺相对简单，价格较低的多晶硅太阳能光伏组件较好。在阳光相对不足、阴雨天较多的地区，采用性能参数比较稳定的单晶硅太阳能光伏组件较好。而非晶硅太阳能光伏组件常用于室外阳光不足的条件下，因为非晶硅太阳能光伏组件对太阳光照射条件要求相对较低。

太阳能路灯是利用白天太阳光作为能源，把太阳能转换为电能并存储于蓄电池中；在晚上以蓄电池作为电源为光源提供能量，把蓄电池中的化学能转换成光能，使光源正常发光。太阳能路灯照明具有清洁、环保，长寿命，高效率，高亮度，便捷管理，安全可靠，施工快捷、方便等特点。

 小提示

在设计太阳能路灯时，如何兼顾太阳能电池组件、蓄电池、用电负荷（路灯）相互匹配？

可用一个简便的方法大致估算确定它们之间的关系：要保证系统正常工作，太阳能电池功率必须比用电负荷功率高 4 倍以上，太阳能电池的电压要超过蓄电池工作电压 20%～30%，才能保证蓄电池正常充电。同时，蓄电池容量比负载日耗电量高 6 倍以上为宜。

2. 太阳能路灯应用场景

太阳能路灯属于清洁绿色能源，它不会对周围环境产生污染，对人类的生存没有伤害。这类产品虽然在成本上高于普通产品，但在后期使用时不消耗电能，后期修缮较少，一些特定场合还可省略远距离布线，可大大降低工程施工费用和成本，因而得到广泛使用。从太阳能路灯案例可以延伸至家庭太阳能庭院灯、太阳能景观灯、太阳能交通警示灯、太阳能交通指示灯、太阳能广告灯箱、太阳能航标灯塔等，这都属于太阳能路灯的典型应用。

三、光伏 + 高速公路

"光伏 + 高速公路"是指，将光伏发电技术与高速公路系统集成，利用高速公路的路面、沿线设施以及周边的环境实现太阳能光伏发电，如图5-1-7所示。在服务区建筑屋顶、停车棚、围墙等设施空间布置安装光伏发电系统，将产生的电能应用于桥隧照明设施、通风设施、服务区等公路系统用电设施，或将其输送到电网系统。

图 5-1-7　光伏 + 高速公路

发现身边的美

　　请您阅读相关书籍及查询相关资料，太阳能路灯在我们日常生活中还可延伸至哪些应用场景？

1. 国内"光伏 + 公路"发展进程（图5-1-8）

图 5-1-8　发展进程

2. 我国首条光伏高速公路

　　2017 年 12 月 28 日，全球首个承载式太阳能光伏高速公路试验段在山东济南绕城高速南线建成通车。据悉，该路段铺设长度 1 km，试验路段目前已实现的功能有为高速公路路灯、电子情报板、融雪剂自动喷淋设施、隧道及收费站提供电力供应，余电上网，如图5-1-9所示。

图 5-1-9　我国首条光伏高速公路——山东济南绕城高速南线

太阳能光伏高速公路目前已正式投入使用，但在技术上还存在需要完善的地方，有一些优点，也有一些缺点，见表 5-1-3。

表 5-1-3　光伏高速公路优、缺点

优　势	劣　势
资源取之不尽，不受地域、海拔等环境限制； 节约传输成本，缓解了东西部用电不平衡的问题； 节能环保、空间优化，太阳能板与路面结合，节省空间； 工期短，灵活性强，可根据道路随意铺设或改变布局	与传统的沥青路面相比，光伏路面成本明显增高； 面板使用寿命不确定，维护成本高； 安全认证不够完善，还应考虑防火、接地和强风响应； 运营保障方面，光伏发电系统的任何一个环节出现问题都会对道路发电产生影响，因此在运行保障过程中需要进行详细的检查

"光伏＋高速公路"技术逐步成熟，可实现汽车移动无线充电、路面电热融雪、大数据集成与分析等功能。

 读一读

"光伏＋高速公路"背后的黑科技

①晒晒太阳即可发电：光伏高速公路最上面一层是类似磨砂玻璃的半透明新型材料，摩擦系数较高，阳光穿过玻璃时，中间层的太阳能电池将光能转换成电能。

②公路变身"充电宝"：路基下面预留有电磁感应线圈，随着电动汽车无线技术的配套成熟，可实现电动汽车在行驶过程中充电。

③融化路面积雪：光伏＋高速公路还能将光能转化为热能，利用融雪剂自动喷淋设施，消除道路冰雪，保障道路安全。

④路段车辆信息早知道：在光伏路面预留信息化端口，未来还可接入各种信息采集设备，车辆信息、拥堵状况等信息将汇成大数据，成为智慧城市的一部分。

3. 光伏高速太阳能面板结构

对太阳能光伏高速公路，发电量是一个重要指标，但同时路面承载能力也成为新的挑战。

目前承载式光伏太阳能面板共由三层组成，其结构如图 5-1-10 所示。

第一层：最上层
第二层：中间层
第二层：最下层

图 5-1-10 承载式光伏太阳能面板结构

承载式光伏太阳能面板各部分作用及要求见表 5-1-4。

表 5-1-4 承载式光伏太阳能面板各部分作用及要求

层 次	作 用	要 求
第一层：最上层	透光混凝土路面层，既能透光照射到中间层光伏面板，也能对路面车辆起到承载作用	具有一定摩擦力，强度高，透光率超 90%
第二层：中间层	光伏面板层，即光电转换功能层	转换效率高
第三层：最下层	绝缘层	对光伏面板具有物理保护作用，还具备防水防潮等性能

4. 光伏高速公路主要应用场景

高速公路沿线用电设施敷设导线距离远，无形中增加了导线成本、施工难度及维修维护成本，但服务区及沿线空置区域多，是安装太阳能光伏发电系统的绝佳位置，在高速公路服务区、高速公路路面、沿线坡面、洞口空置区域、匝道圈及公路沿线上空均可设置光伏发电系统，在满足高速公路自身用电设施设备使用的同时，还能余电上网，缓解国家电网用电压力。主要应用场景见表 5-1-5。

表 5-1-5 光伏高速公路主要应用场景

服务区	路基坡面	隧道沿线	匝道圈
利用服务区空置区域，实现了"电站即车棚，车棚即电站"的绿色环保发展理念，同时余电可供服务区使用及上网	利用高速公路沿线两侧坡面及路基安装太阳能电池，在保护坡面水土流失的同时还能光伏发电	高速公路隧道需用电照明，远距离敷设导线成本增加，可在洞口空置区域安装太阳能电池发电系统供隧道照明及其他设施供电使用	高速公路匝道圈空置区域较多，可安装太阳能电池发电系统供道路监控设备及附近收费站使用，余电还可送入电网

做一做

未来"光伏＋高速公路"发展趋势

请您查阅相关书籍或上网查询相关资料，未来光伏＋高速公路发展趋势是什么？

『学习总结』

1.结合做一做内容，你对太阳能风扇遮阳帽的理解情况是：

会做□　　比较模糊□　　不能理解□

2.学完本部分内容后，你对太阳能路灯结构的掌握情况是：

能讲解□　　能记住□　　能理解□　　不能理解□

3.学完本部分内容后，你能说出我们身边哪些地方用到了太阳能光伏技术吗？

能说出 5 个及以上□　　能说出 3 个□　　能说出 1 个□　　不能说出□

『学习延伸』

国内首条"超级高速公路"——杭绍甬智慧高速公路

我国首条"超级高速公路"——杭绍甬智慧高速公路，始于杭州市萧山区，经杭州、绍兴、宁波，终于宁波市北仑区，全长 174 km，采用双向六车道高速公路标准，设计时速 120 km/h（未来在法律法规允许范围内或将突破 120 km/h 的设计时速，甚至实现不限速），项目总投资近 174 亿，于 2022 年杭州亚运会前建成通车。总体目标是建设"智能、快速、绿色、安全"的智慧高速公路，满足社会多层次、个性化、高品质的交通服务要求如图 5-1-11 所示。

在这条高速公路上，将构建大数据驱动的智慧云控平台，通过智能系统、车辆管控系统，有效提升高速公路运行速度和行车安全，可为无人驾驶提供安全的驾驶环境；二是采用光伏路面，实现路面光伏发电，并且在收费站、服务区建设充电桩，全面适应车辆电动化发展，实现新能源供给设施全覆盖，远期目标是实现移动式的无线充电。

在 2020 年云栖大会论坛中，浙江省交通

图 5-1-11　超级高速公路

运输厅提供了杭绍甬智慧高速公路的 4 种应用场景。一是伴随式信息化走廊，这是一种交通服务信息的定制推送。根据实时事件、车辆的位置和终端类型，进行个性化交通信息服务定制，实现面向个体车辆的诱导和出行辅助信息精准推送。二是车道级主动管控，杭绍甬高速公路 6 个车道，未来可以让不同车速的车行驶在不同车道，减少同一车道上车辆行驶速度差造成的安全和行驶效率问题，特别在长下坡、弯道事故多发区对车辆主动预警控制。三是自动派单救援，当高速公路上发生交通事故时，智慧平台能通过高精地图精准定位事故车辆，实现自动报警、自动派出救援力量。四是恶劣环境智能诱导预警，有的路段位于山区，雨雾天气多，通过智慧化的感知和与道路通行情况的融合，保证道路全天候运行的顺畅和安全。

5.2　光伏能治沙

『学习情境』

我国是世界上受沙漠化影响较严重的国家之一，沙漠化土地主要分布在内蒙古、甘肃、宁夏、新疆、青海、西藏、山西、陕西、河北、黑龙江、吉林、辽宁等部分地区，已严重影响到我国的生态环境建设和社会经济发展。党中央、国务院历来十分重视土地沙漠化的防治工作，经过多年的实践探索出一系列治理沙漠化土地措施，其中，利用太阳能光伏发电是近几年治理沙漠的新型措施，在沙漠中建设电站不但能治理土地沙漠化，还能产生绿色电能并入电网使用。目前，我国是光伏发电累计装机容量最大的国家，光伏发电量占世界光伏发电量 30% 以上，你知道有哪些沙漠光伏发电站吗？

『学习目标』

1. 学习沙漠电站的建设过程。
2. 学习光伏治沙的典型应用。
3. 感知光伏治沙为沙漠化土地带来的绿色生态，珍惜美好生活。

学习探究

一、土地沙漠化与光伏发电

1. 土地沙漠化现状

土地沙漠化，是指将原本肥沃的土地，由于人为、气候等变化，使得土地退化，直至土地变为沙漠。沙漠化土地如图 5-2-1 所示。目前我国沙化土地约为 170 万 km^2，约占我国国土面积的 24%，近 4 亿人口受到沙漠化的影响。党的十八大以来，党中央高度重视荒漠化防治，采取一系列行之有效的举措，荒漠化扩展趋势得到初步遏制。"十三五"以来，我国荒漠化防治成效显著，全国累计完成防沙治沙任务 880 万 hm^2，占"十三五"规划治理任务的 88%。

图 5-2-1 沙漠化土地

近年来，我国高度重视环境保护、土地治理，全面开展"绿水青山就是金山银山"的国家策略，经过多年努力，我国荒漠化和沙漠化面积逐年缩减。但由于沙化面积占比高，难度越来越大，如何更快、更有效地治理沙化土地，是我们需要继续思考的问题。

2. 沙漠化治理措施

目前沙漠化治理主要有植物固沙、引水治沙、工程治沙、光伏治沙等措施，光伏治沙是近年来沙漠化治理的新型模式，沙漠化治理措施见表 5-2-1。

表 5-2-1 沙漠化治理措施

治理措施	特 征	治理模式	图 例
植物固沙	是控制流沙最根本、最经济有效的措施，还能恢复和改善生态环境	建立人工植被或恢复天然植被；营造大型防沙阻沙林带；控制牧场退沙等	
引水治沙	将水引入沙漠低洼地，水资源增加，生态环境得到改善	引入水资源，恢复植被，繁殖微生物	

续表

治理措施	特　征	治理模式	图　例
工程治沙	采用黏土、卵石、网板等材料设置障碍物或铺压遮挡，形成阻挡屏障	利用地形地物设置屏障；采取一定工程措施、机械进行干扰控制等	
光伏治沙	光伏治沙是近年来一项治沙新措施，以光伏发电基地建设项目驱动生态治理，形成光伏发电、生态修复、扶贫利民的共赢举措	基桩固沙；太阳能光伏板遮阴助力光伏板下植被生长，促进植被固沙；光伏板间隙种植中草药、果树等经济林木	

　　我国沙漠化严重的地区基本分布在西北地区，不但常年降雨量少，而且海拔高，光照强度大，非常适合光伏电站的建设。据有关机构报道，若我国1.5%的沙漠安装上太阳能光伏电站，即可满足全国一年的用电需求，全球4%的沙漠上安装上太阳能光伏电站，即可满足全球的能源需求。以上数据足以看出在沙漠化土地上建设光伏电站的价值，在治理了土地沙漠化的同时，还能为我们的生活带来可再生能源需求。

📖 小提示

光伏发电恰好与沙漠化治理相吻合

　　1. 光伏电站占地面积大

　　光伏电站需要大面积的土地安装太阳能电池板，实现光伏电池的光电转换，而沙漠化地区正好满足光伏发电站对土地的需求。

　　2. 光伏发电需要高强度、长时间太阳光的照射

　　光伏发电是直接将太阳能转化为电能，我国沙漠化地区光照度强且光照时间长，正好满足光伏电站的选址特性。

　　3. 光伏发电使用周期长，无污染

　　光伏电站的运行寿命一般都超过25年，在运行期间不产生污染，无污染物排放，仅在光伏电池的制造、光伏电站的建设阶段产生碳排放，但对25年以上的发电量而言，制造、建设阶段的碳排放可以忽略不计。

二、沙漠电站的建设过程

　　近几年国内沙漠光伏电站开发日趋激烈，由于各地政策、建设条件上的差异，使得沙

漠光伏电站建设过程略有差异，但沙漠电站建设过程大致与地面光伏电站建设相同，沙漠光伏电站建设流程图如图 5-2-2 所示。

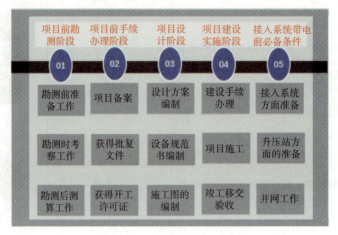

图 5-2-2　沙漠光伏电站建设流程图

在荒漠戈壁建设光伏电站，气候条件恶劣，设计阶段支架基础类型的选择是关键。常用的支架基础类型有螺旋桩、灌注桩、预应力管桩、预制混凝土桩、条形基础等，在设计时宜首选螺旋桩、灌注桩，其次考虑条形基础，对光伏组件离地面高度有较高要求的电站，可采用预应力管桩和预制混凝土桩。

 读一读

光伏发电站是如何实现治沙的？

①光伏电站，可以实现固沙作用。由于光伏组件铺设密度大，能够有效地进行挡风防风，阻止沙尘的飞扬与沙丘移动。

②光伏电站，能够吸收光照，降低土地温度，减少水分蒸发。由于光伏电池组件平铺在荒漠上方，太阳光照射在光伏电池面板上，光伏电池板的下面就形成了阴凉区，有效降低了水分的蒸发，有助于沙土中水分的累积。

③光伏组件的铺设，对植物、动物均具有保护作用。光伏电站建设成功后，光伏组件为动植物提供了天然的屏障，既不会被风刮跑、又不会被太阳晒干，正好迎来旺盛的持续生长，久而久之，原本的沙漠化土地就会披上一层绿衣。

三、光伏治沙典型应用

1. 全国最大的沙漠集中式光伏电站——达拉特光伏发电项目

达拉特光伏发电项目如图 5-2-3 所示，地处内蒙古自治区西南部达拉特旗，位于库布其沙漠中段。2021 年 6 月，达拉特光伏发电基地项目 5 个单体项目全部并网发电成功，标志着我国最大的沙漠集中连片式光伏治沙项目完工,推进绿色低碳和经济转型升级又迈出更加坚实的一步。该项目规划装机容量 2 000 MW,目前整个区域的光伏板超过 300 万块,分三期实施,一期 500 MW 项目实现全容量并网发电,二期项目共建 5 个光伏升压站,即将启动的三期一旦完工,整个基地的年发电量将达 40 亿 kW·h,相当于一个经济强县一年的全社会用电需求。基地不光发电,还兼有治沙、修复生态的功能,可有效治沙 20 万亩,年减排二氧化碳 320 万 t,年节约标准煤炭 135 万 t,并种植了不少经济作物,曾经的沙漠开始变成绿洲。

图 5-2-3　达拉特光伏发电项目

库布齐沙漠是中国第七大沙漠,总面积 1.86 万 km² 左右,曾经这里被称为"死亡之海",寸草不生,60% 以上都是流动沙丘。库布齐沙漠拥有全国一流的太阳能资源,这里虽气候干燥,降雨量极少,但太阳辐射强度高,日照时间长,年均日照时数超过 3 180 h,光照资源优势明显,发展光伏发电条件得天独厚。达拉特光伏发电基地采取集约化空间布局、集成化技术应用、集聚化运营管理的方式,得到了国家能源局的认可。通过"光伏 + 治沙 + 农林 + 旅游"模式,推进沙漠治理、可再生能源发电产业、沙漠农林产业、沙漠特色旅游等多产业整合发展。

图 5-2-4　"骏马"图形光伏电站

达拉特光伏发电项目是全国最大的沙漠集中式光伏电站，于 2019 年 7 月 9 日成功通过吉尼斯世界纪录认证，成为世界上最大的光伏板图形电站。其中"骏马"图形光伏电站由 196 320 块光伏板组成，占地 1 398 421 m²，如图 5-2-4 所示。通过光伏发电与生态林业相结合的"工业治沙"模式，采取板上发电、板间种植、板下修复的新兴产业循环模式，实现经济效益和生态效益共赢。

 读一读

跟踪太阳的"向日葵"之追日自动跟踪系统

追日自动跟踪系统是保持太阳能电池板随时正对太阳，让太阳光的光线随时垂直照射太阳能电池板的动力装置，提高太阳能光伏组件的光电转换效率。

目前，大型太阳能光伏电站在光伏板的支架下安装传动组件，通过计算太阳光的角度和运动时间轨迹，设定程序自动控制传动轴，让光伏板化身"向日葵""追着太阳走"。早上太阳升起时光伏板向着东边，黄昏日落时光伏板就向着西边，始终保持太阳光与光伏电池板尽可能形成垂直角度，保证最大的光电转换效率。

2. 全球最大的集中发电光伏电站群

全球最大的集中发电光伏电站群位于青海省海南藏族自治州共和县塔拉滩，这里曾经土地沙漠化严重，沙化土地面积占总土地面积的 98.5%，不仅荒无人烟，还可以说是寸草不生的典型代表，茫茫戈壁和漫天飞舞的沙尘是这里最常见的景象，严重危害着周边黄河生态区的安全。塔拉滩平均海拔近 3 000 m，意味着它离太阳近，日照也更为充足，青海省境内的大部分地方每年的平均日照在 1 600 h，而塔拉滩在光伏发电方面却有着得天独厚的优势。

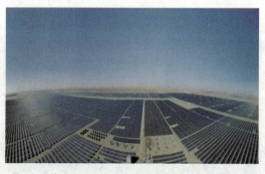

图 5-2-5　塔拉滩光伏发电基地

2012 年，我国首个千万千瓦级光伏发电基地在塔拉滩开始修建，塔拉滩光伏发电基地如图 5-2-5 所示，从最初的 77.9 km² 建设到现在已经颇具规模，整体面积已经达到了 609.6

km^2。目前，塔拉滩光伏电站群有 40 多家光伏企业入驻，总装机量超 9 000 MW，年平均发电量达 96 亿 kW·h。在塔拉滩还坐落着大规模、装机容量 85 万 kW 的龙羊峡水电站，针对光伏发电的间歇性、波动性、随机性等问题，运用先进的水光互补调节技术，将塔拉滩光伏电站群不稳定的光伏电与龙羊峡水电站互补转换为安全稳定的优质电源。

图 5-2-6　光伏板下的"光伏羊"

随着青海省大力推动光伏产业的发展，这里的生态逐渐得到恢复，光伏电站群的建设使地表水分蒸发量减少了近 30%，用水清洗太阳能板的水渗入地表有助于植被生长，周而复始，这片沙漠的光伏板下便生长出植被，土壤得到改善。进入秋冬时节，光伏板下枯萎的植被容易引发火灾，给光伏发电站留下了安全隐患，于是工程师们便在光伏板下养起了"光伏羊"，如图 5-2-6 所示，使得畜牧业得以继续发展，就连经济也得到了进一步发展。

想一想

在沙漠中，成千上万的光伏板如何完成日常巡检呢？

光伏发电站规模越大，电站巡检工作越复杂，在传统巡检中一般采用人工巡检的方式，人工巡检不仅需要耗费大量的人工费及时间成本，导致电站设备巡检不及时，还可能造成经济损失，同时巡检人员还存在一定的危险性。

随着大数据、无人机的出现，在现代电力系统巡检中，通常采用无人机完成日常巡检。无人机运用智能巡视系统，搭载红外成像相机和可见光成像相机，应用超高分辨率可见光影像、红外影像视频对光伏组件、汇流箱等的常见缺陷进行快速获取、识别、分析，并将分析结果推送到移动端，精确定位到每一块光伏组件，通过移动导航辅助检修人员快速确定缺陷组件及部位。

沙漠中的太阳能电池组件经常受到风沙侵蚀，发电效率受到影响，极大地阻碍了沙漠光伏发电设备的发电量。因此，需要专业人员定期对沙漠光伏发电系统进行效率分析，同时做好光伏电池部件清洁工作，使光伏发电系统的工作效率不断提高。

做一做

搜索光伏沙漠电站

查阅资料或上网搜索，我国 100 MW 以上的光伏沙漠电站还有哪些？

『学习总结』

1. 学完本部分内容后，你知道沙漠化治理有哪些措施吗？

知道□   知道一部分□   完全不知道□

2. 学完本部分内容后，你知道沙漠中的光伏电站是如何实现治沙的吗？

知道□   知道一部分□   完全不知道□

『学习延伸』

超级镜子发电站——敦煌 100 MW 熔盐塔式光热电站

太阳能发电有太阳能光伏发电和太阳能光热发电之分，太阳能光热发电也是新能源利用的一个重要方向，太阳能光热发电的原理是，通过反射镜将太阳光汇聚到太阳能收集装置，利用太阳能加热收集装置内的传热介质（液体或气体），再加热水形成蒸汽带动或者直接带动发电机发电。光热发电一般有四种形式，分别是槽式、塔式、碟式（盘式）和菲涅耳式。

在甘肃省敦煌市向西约 20 km 处，由 1.2 万多面定日镜以同心圆状围绕着 260 m 多高的吸热塔格外引人注目。这就是首航节能敦煌 100 MW 熔盐塔式光热发电站，如图 5-2-7，该项目占地面积近 8 km²，总投资超过 30 亿元，可实现 24 h 连续发电，年发电量可达 3.9 亿 kW·h，一年的发电量大约能满足 20 万普通用户一年的用电需求，于 2018 年 12 月 28 日成功实现并网发电。这一座电站每年还可减少 35 万 t 二氧化碳的排放，这相当于 1 万亩森林才能做到的环保效益。

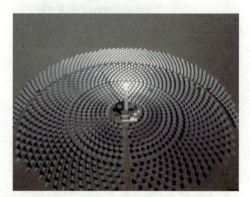

图 5-2-7　敦煌 100 MW 熔盐塔式光热发电站

有人可能会问，它和盐有什么关系呢？其实这与敦煌的地理条件有关，虽说这里的光照资源十分优异，但这里有严重的风沙，也有巨大的昼夜温差。正因这里有着极其恶劣的环境，工程师们想到了用 20 000 t 熔盐在塔里循环利用。熔盐塔式光热电站发电过程如图 5-2-8 所示，我们可以分为四步：第一步，阳光聚焦定日镜（定日镜就是将太阳光线反射到固定位置的吸热器），在控制系统中植入太阳的运动轨迹程序后，（定日镜）可以根据自身位置自动调整镜面角度，使反射光精准地射向吸热塔；第二步，熔盐吸热光线聚焦到吸热塔上，形成高达 560 ℃ 的温度，里面的熔盐就会融化，并从吸热塔流入下方的高温熔盐罐中；第三步，发电，高温的液态熔盐储存了大量热能，将它们和水交换，就能产生水蒸气驱动汽轮发电机发电；第四步，熔盐的循环利用，与水交换后冷却下来的熔盐可以重新返回顶部的吸热塔中，如此循环整个发电过程。在熔盐集热塔和定日镜默契的配合下，超级镜子发电站可实现 24 小时不间断发电。

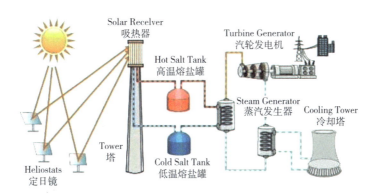

图 5-2-8　熔盐塔式光热电站发电过程

5.3　光伏助种养

『学习情境』

随着社会主义经济市场的迅猛发展，直接推动了可再生能源在光伏农业方面的应用。光伏农业是光伏发电和农业生产有机结合的现代农业科技的综合，是发展光伏产业、提高农业收益的有机结合，符合生态优先、绿色发展和农业调整结构、转型方向的相关政策。光伏农业主要利用模式有光伏发电与农业大棚相结合、光伏发电与渔业相结合、光伏发电与畜牧业相结合等，形成农光互补、渔光互补、牧光互补等多元互补模式。光伏农业是在原有种植、养殖业的基础上，

图 5-3-1　光伏农业

通过农业大棚的空置棚顶安装光伏组件对太阳能进行收集，从而转为所需能源类型，把光伏发电和农业相结合，一边发电，一边做农业，实现发电种养两不误。光伏农业如图 5-3-1 所示。

『学习目标』

1. 学习光伏大棚的设计要点。
2. 学习光伏在渔业领域中的应用。
3. 感知光伏发电在种植、养殖业领域中的应用，增强生态保护意识。

『学习探究』

太阳能在农业领域中应用广泛，简单的应用有太阳能杀虫灯、太阳能提水、太阳能监控等，光伏发电与现代种养殖业相结合的应用形式主要有光伏大棚、渔光互补、牧光互补等。光伏发电与现代种养殖业相结合的应用形式见表 5-3-1。

表 5-3-1 光伏发电与现代种养殖业相结合的应用形式

应用形式	具体应用	图 示
光伏大棚	将光伏发电与农业大棚有机结合，利用农业大棚的棚顶放置太阳能光伏组件进行发电，在不改变土地性质的同时，充分利用土地资源	
光伏渔业	合理利用鱼塘水面或滩涂湿地，架设光伏组件进行发电，在充分利用土地资源的同时助力渔业创收	
光伏畜牧养殖	合理利用牛棚、羊舍、猪舍等棚顶放置太阳能光伏组件进行发电，在充分利用土地资源的同时，还能为棚下养殖物遮阳挡雨	

一、光伏大棚

光伏大棚是通过建设棚顶光伏工程实现清洁能源发电，在自用的同时并入国家电网。同时在棚下将光伏科技与现代农业有机结合，发展现代高效农业，既具有无污染零排放的发电能力，又不额外占用土地，可实现土地立体化增值利用，实现光伏发展和农业生产双赢。发展光伏大棚具有节能、增收和土地利用等优势。发展光伏大棚的优势见表 5-3-2。

表 5-3-2　发展光伏大棚的优势

土地利用优势	棚上光伏发电、棚下种植养殖，提高了土地的综合利用率
节能优势	一部分光伏发电量就地使用，减少了输电线路上的损耗，另一部分余电并入国家电网
经济效益优势	在提高土地利用率的基础上，不仅保留了棚下原有农作物收入，还增加了棚上光伏发电收入，实现了"发电＋农业＋生态"经济效益最大化
政策优势	为促进可再生能源发展，国家能源局及各省市相关单位先后出台了一系列光伏惠民政策。如光伏并网电价补贴、光伏扶贫政策等

既有种植养殖的大棚属性，棚顶又能满足光伏发电的需求，光伏大棚的设计要点有哪些呢？

1. 光伏大棚的分类

光伏大棚的种类繁多，形式多样，光伏大棚的分类方式通常有按照大棚结构分类、按照遮光程度分类和按照使用功能分类三种。光伏大棚的分类见表 5-3-3。

表 5-3-3　光伏大棚的分类

按照大棚结构分	独立式大棚
	连栋式大棚
	光伏附加式大棚
按照遮光程度分	全遮光型
	半遮光型
	不遮光型
按照使用功能分	种植型大棚
	养殖型大棚
	多功能观光一体型大棚

2. 光伏大棚的设计要点

光伏大棚在设计时应考虑组件的选用、种植养殖模式、材料选择、光伏发电容量等，具体设计要点如图 5-3-2 所示。

3. 大棚结构设计

光伏组件替换了原有塑料薄膜，导致大棚结构承担载荷增加，在结构设计时，应进行建模计算，分析构件受力，在满足结构安全及 25 年使用寿命的条件下，尽量采用轻型钢材，如冷弯薄壁卷边槽钢、Z 型钢等。大棚结构建模如图 5-3-3 所示。

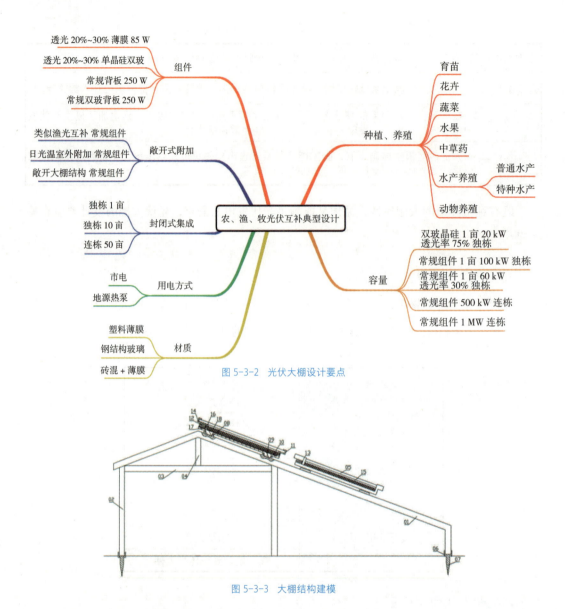

图 5-3-2　光伏大棚设计要点

图 5-3-3　大棚结构建模

4. 光伏大棚组件倾角设计

光伏大棚在原有大棚为拱坡采光面改为平坡面采光时，需对光伏组件进行倾角设计，一般倾角设计为 18°~25°，塑料薄膜改为铺设电池板和透光玻璃，效率损失 2%~9%。

5. 光伏组件选型要求

光伏大棚内湿度一般要求在 60% 以上，钢结构表面和大棚膜面易冷凝、结露。这种高湿环境对钢结构本体存在腐蚀，对布置在大棚内的光伏组件、接线盒、电缆、桥架、汇流箱等的稳定运行存在安全隐患，如降低设备绝缘强度、造成导电金属或电路板腐蚀、降低使用

设计大棚温室采光面，光线入射角度如何选择？

　　设计大棚温室采光面时，光线入射角度不宜过大，过大会造成温室的脊高过高，大棚结构不合理。同时，根据光线反射原理，光线入射角从 90° 降到 50° 时，透过采光面的光量下降不明显。因此，设计大棚温室采光面时，通常光线入射角度设计为大于或等于 50°，更满足采光需求。

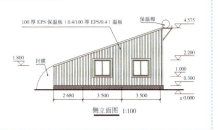

侧立面图 1:100

寿命、造成电气短路故障等。

　　由于光伏大棚环境的特殊性，对系统设备提出了更高要求，除数据采集类传感器必须安装在大棚内的情况下，其余系统设备优先选择安装于大棚外。光伏组件作为光伏发电系统的核心，同时光伏组件作为大棚的保温膜或顶端的遮阳棚，对高温、高湿区域的光伏组件须选用抗 PID（Potential Induced Degradation，电压诱导衰减）组件。农业大棚上应用的光伏组件主要形式有薄膜光伏组件、晶硅双玻组件和晶硅铝合金边框组件等。具体选择见表 5-3-4。

表 5-3-4　农业大棚上应用的光伏组件

薄膜光伏组件	组件本身具有一定透光性，用于全遮光棚、部分遮光棚，适宜种植弱光或中等喜光品种
晶硅双玻组件	封装电池片间有一定间隔，用于连栋温室大棚上，室内光照更均匀，适宜种植喜光品种
晶硅铝合金边框组件	完全不透光，适宜种植耐阴品种

二、光伏渔业

　　我国水资源丰富，海洋、湖泊、水库众多，特别是沿海地区和南方多水域地区拥有大量的鱼塘、湖泊、水库等，水面光伏发电作为光伏发电的新模式，备受关注。光伏渔业是指渔业养殖与光伏发电相结合，在渔业上空安装光伏组件发电，光伏组件下方水域进行鱼虾养殖等，形成"上可发电，下可养鱼"的新模式。发展

图 5-3-4　光伏渔业

水上光伏电站具有不占用土地资源、组件的覆盖可降低水量蒸发、减少藻类繁殖等优势，如图 5-3-4 所示。

水面光伏与地面光伏

水面光伏发电站的组成主要包括光伏系统和水面辅助设备。水面光伏电站的硬件组成主要有光伏组件、汇流箱、逆变设备、变压器、线缆、聚乙烯浮体架台等。

相比地面光伏电站，水面光伏施工难度大，不但要考虑组件承载能力，还应考虑现场环境潮湿、盐雾腐蚀、风浪影响等。因此，水面光伏设备需具备防水、抗腐蚀、耐老化等能力。水面光伏电站的电缆设计与敷设也比较特殊。为降低线路损耗，需要根据距离汇流点的远近选取不同横截面积的电缆。同时，为了应对水位变化，还要根据实际情况适当增长电缆余量，为了减少变压器泄漏油对水面环境的影响，布置在水面以上的箱式变压器建议选用欧式干式变压器。

根据光伏组件的支撑方式，水面光伏电站主要分为桩基固定式和水面漂浮式两种。其具体形式的应用一般由水深初步决定，水深小于 3 m 的浅水区可采用桩基固定式，水深大于 3m 的深水区可采用水面漂浮式。

1. 桩基固定式水面光伏

桩基固定式水面光伏一般适合于浅水区域建设，但目前也有大型桩机供深水水域桩基建设，开发全新的水面土建，用于深水域、大体量的水上光伏发电站建设。桩基础类型应对工程性质、水塘水位地质情况、施工条件、施工对水塘环境的影响以及综合经济效益等因素进行比较后选用。常用的施工方式有先排水、清淤、晾干场地后再打桩和直接采用船舶打桩。如图 5-3-5 所示为桩基固定式水面光伏。

图 5-3-5　桩基固定式水面光伏

 小提示

预应力高强度混凝土管桩

目前桩基固定式水面光伏较多采用 PHC 管桩（即预应力高强度混凝土管桩）加热镀锌钢支架的组合方式。通常，桩顶高度应大于最高水位 0.4 m 以上，为方便作业船只顺利通行，光伏组件下端离最高水位 1 m 以上，组件应采用最佳倾角安装。

2. 漂浮式水面光伏

漂浮式水面光伏发电适用于水体较深的水面上，是指借助水面浮体、浮台使光伏组件、汇流箱、逆变器等发电设备漂浮在水面上进行发电。漂浮式水面光伏如图5-3-6所示。漂浮式水面光伏因水域的气温变化相对较小，夏季水体的冷却效应，可抑制光伏组件表面温度的上升，漂浮式水面光伏发电系统的总发电量相比地面光伏发电系统高。漂浮式水面光伏电站的施工方式有两种：一种是岸边拼接浮筒，水上安装设备；另一种是岸边操作安装平台，组件安装后入水。

图 5-3-6 漂浮式水面光伏

漂浮式水面光伏发电站系统构成大致分为漂浮系统、锚固系统、敷设系统、接地系统和升压站及送出线路。漂浮式水面光伏发电站系统构成如图5-3-7所示。

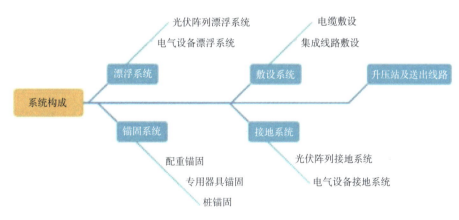

图 5-3-7 漂浮式水面光伏发电站系统构成

漂浮系统设计需经过比选，考虑25年以上的使用寿命，选择满足要求的漂浮系统，并且应充分考虑电站运维检修的便利和成本。飘浮式系统有浮管式和浮箱式之分。漂浮系统形式如图5-3-8所示。漂浮系统形式对比见表5-3-5。

图 5-3-8 漂浮系统形式

表 5-3-5　漂浮系统形式对比表

漂浮形式	优　势	劣　势	应　用
浮管式	造价较低，浮管结构受力合理，组件可按照最佳倾角布置	连接节点多，施工困难，检修难度较大，结构稳定性较差	
标准浮箱式	采用模块化方式，施工便捷，工期较短，能较好地适应水面波动的影响	造价高，连接耳环是其薄弱环节，需经过计算并采取加强措施	
浮箱+支架式	造价较低，结构合理，浮箱仅产生浮力，较大的水平力由金属支架承担	连接节点多，施工难度较大，结构稳定性较差	
高强度复合混凝土浮箱	浮箱耐久性极高，造价较低，结构合理，可实现任意倾角，结构稳定性强	浮箱自重大	

水面浮体通过锚固系统固定，锚固系统是"漂浮式水面光伏电站"设计的关键点，它决定了漂浮系统、敷设系统、接地系统能否可靠工作。通常根据离岸距离、水深等设计固定方式，当离岸较近时，在岸边用绳索或撑杆与浮体固定，当离岸较远且水深较深时，可采用混凝土锚块加拉簧的方式固定。

敷设系统和接地系统

光伏阵列区的交直流电缆宜通过浮箱固定，设置桥架的方式敷设。高压交流线缆优先采用浮体上敷设方式，设计时应确保后期维护的便利性，还应根据水域的自然环境确定电缆的护套材料进行保护。

水面漂浮电站接地非常重要，要根据不同的水面情况和组件选型等因素综合确定。水面漂浮部分的接地引线应设置适应水位变化的措施及预留冗余。对保护接地、工作接地和过电压保护接地采用一个总的接地网。其接地装置的接地电阻值要求不大于 4 Ω。

光伏渔业除了考虑解决组件长期在潮湿环境中的可靠性、浮台的承载能力和使用寿命等技术问题，还要考虑水体渔业放养方式、喂料方式、遮光比例、漂浮物影响及后期捕捞方式等因素。

『 学习总结 』

1. 学完本部分内容后，你知道设计光伏大棚需要考虑哪些因素吗？

知道□　　　知道一部分□　　　完全不知道□

2. 学习光伏渔业内容后，你知道如何选择桩基固定式水面光伏和飘浮式水面光伏吗？

知道□　　　知道一部分□　　　完全不知道□

『 学习延伸 』

柔性薄膜光伏组件在农业大棚中的应用

温室大棚与屋顶技术相结合的柔性薄膜太阳能发电系统，不仅可以保证棚内设施正常运转，还可以储存雨水、雪水等循环利用，是集低碳、节能、环保、旅游于一体的新型生态农业，如图 5-3-9 所示。薄膜光伏组件可以依托低成本材料当基板制造，形成可以产生电压的薄膜。薄膜光伏组件厚度极薄，仅有数微米，相比晶体硅的发电效率和稳定性来看，薄膜电池的整体效果更好一些。

柔性薄膜光伏组件由于有弯曲折叠性能，可以贴装于车船顶棚、农业大棚、建筑物等外立面。柔性薄膜光伏组件应用在农业大棚，具有的优势见表 5-3-6。

图 5-3-9　柔性薄膜太阳能发电系统

表 5-3-6　柔性薄膜光伏组件应用在农业大棚的优势

结构优势	质量和厚度均与传统农业大棚使用材料相当，可与温室大棚完全结合
透光优势	可高透红外线光，并且透光均匀，不影响作物生长，透过的光全部能被植物光合作用有效利用
弱光优势	弱光响应好，充电效率高
高温优势	在高温环境下，薄膜电池高温性能好
环保优势	寿命长达 20 年以上，减少白色垃圾，绿色低碳

在大棚病虫防治中，大多数昆虫的复眼被证明可以辨别颜色，对于短波段的蓝光、绿光和黄光较敏感，比黄光波长长的光看不见。因此，可通过定制光伏组件调整透光需求，利用不透紫光到黄光段的薄膜，光伏组件可以用完全生态的方式达到防虫的效果。同时，柔性

薄膜光伏组件应用于农业大棚中还可提升大棚综合性能，见表 5-3-7。

表 5-3-7　柔性薄膜光伏组件在大棚中的综合性能

安全耐候	透光度 20 年不衰减； 高温、高湿环境下不影响发电
分光作用	均匀透过红橙光，保证大多数经济作物的生长所需； 隔离紫外线，降低植物病害； 可按照需求调整透光需求（定制）
温湿度调控	降低土表的蒸发量； 减少设施内遮阳装置
遮光防虫	遮挡蓝光、绿光和黄光的透射
节能减碳	遮阴、降低蒸发量； 长达 20 年以上的使用年限

5.4　光伏很美好

『学习情境』

我国二氧化碳排放力争于 2030 年前达到峰值，于 2060 年前实现碳中和。碳达峰、碳中和将对化石能源、煤炭行业带来严峻挑战，可再生能源投资持续提升，光伏发电或将成为未来能源供给主力。同时，光伏发电可再生清洁能源为我们提供了越来越多的便利，多部委、省市陆续出台相关光伏产业政策，如国家能源局发布整县（市、区）分布式光伏开发试点、光伏小镇、光伏建筑一体化等。那你知道光伏一体化建筑能为我们人类带来哪些美好的未来吗？

『学习目标』

1. 学习光伏建筑一体化。

2. 学习光伏小镇。

3. 感知光伏为我们带来的美好生活。

『学习探究』

一、光伏建筑一体化

光伏建筑一体化是光伏发电的一种新趋势，将太阳能光伏产品集成到建筑上或直接取缔原建筑外墙来提供电力，与建筑物同时设计、同时施工、同时安装，并与建筑物完美结合的太阳能光伏发电系统。与现代装配式建筑集成，实现建筑功能与光伏发电的统一，是太阳能光伏系统与现代建筑的完美结合。相比于传统建筑，光伏建筑一体化具备防风、防水、隔热等性能，具备更强的抗冲击性和更高的承载能力，在提高屋面的空间利用率时，同时兼顾了建筑物的美学需求，如图5-4-1所示。

图 5-4-1　光伏建筑一体化

1. 光伏在建筑中的运用优势

建筑光伏构件在取代传统建筑构件的同时，不占用额外的建筑空间和土地资源，安装在外围护结构的光伏阵列，在吸收太阳能转化为电能的同时，能大大降低建筑外围护结构的表面温度，从而减少室内空调负荷。同时，光伏在建筑中的应用还具有美化建筑立面、替代原有建筑构件、扩展建筑使用功能、提升建筑节能效果等优势。光伏在建筑中的运用优势见表5-4-1。

表 5-4-1　光伏在建筑中的运用优势

优　势	具体表现形式	图　示
美化建筑立面	利用光伏组件特有的色彩、几何形状等美学特性影响建筑的整体外观美感。在阳光照射下，产生不同的光影、颜色和透明度，为建筑营造出别样的风格和美感	
替代原有建筑构件	建材型光伏构件通过太阳电池与金属基材、玻璃基材、有机基材等不同类型基材深度融合替代原有建筑构件。常见的建材型光伏系统有光伏瓦、真空玻璃光伏构件和FRP板光伏构件等	
扩展建筑使用功能	利用光伏构件的部分物理性能，通过建筑设计的手段提升、改善原有建筑的使用功能，或将现有建筑功能进行拓展，使其具有新的使用功能，以创造更多效益	
提升建筑节能效果	光伏构件在建筑上有多种表现形式，一般根据建筑自身条件来综合考虑和合理设计。通常有光伏屋面节能、光伏墙面节能、光伏幕墙节能、光伏采光顶节能等	

2. 光伏建筑一体化分类

根据光伏发电系统是否与主电网连接可以分为独立式光伏发电系统和并网式光伏发电系统。独立式和并网式光伏发电系统见表 5-4-2。

表 5-4-2　独立式和并网式光伏发电系统

类　别	结　构	图　示
独立式光伏发电系统	将太阳能光伏组件安装在建筑物的屋顶或玻璃外饰幕墙，引出端经过集线箱、控制器等与蓄电池组相连接，通过离网逆变器对用电负载进行供电，不需要连接电网	
并网式光伏发电系统	由太阳能电池方阵与电网并联向用户供电，构成了并网太阳能发电系统。一方面用户余电可并入国家电网，另一方面在阴雨天若用户电力不足时也可向国家电网购买电力供电	

根据光伏组件和建筑物结合方式，光伏建筑一体化大致分为"结合"型 BAPV（Building Attached Photovoltaic）和"集成"型 BIPV（Building Integrated Photovoltaics）两类。所谓"结合"型是指将光伏方阵依附于建筑物上，建筑物作为光伏方阵载体，起支撑作用；所谓"集成"型是指光伏组件以一种建筑材料的形式出现，光伏方阵成为建筑不可分割的一部分，如图 5-4-2 所示。

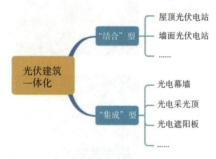

图 5-4-2　光伏建筑一体化分类

"结合"型 BAPV 光伏建筑一体化面世较早，是传统型光伏建筑一体化；"集成"型 BIPV 光伏建筑一体化是目前主流的光伏建筑类型。BAPV 和 BIPV 的优劣比较见表 5-4-3。

表 5-4-3　BAPV 和 BIPV 优劣比较

比较项	BAPV	BIPV
外观	在屋顶或墙面安装光伏，整体性较差	将光伏设备融入建筑，便于集成，整体性较好
安全性	需使用支架固定光伏设备，易受风沙、雨水侵蚀，安全系数较低	将光伏设备与建筑集成一体，安全系数较高
施工	分两期施工，施工周期长	一体化安装速度快，难度低
造价	需墙体美化及固定设备，成本较高	减少墙体美化和固定装置成本，成本较低
维护	维护方便，成本较低	维护困难，成本较高

相比于 BAPV，由于 BIPV 直接将光伏设备作为墙体或屋顶，不需要其他特殊支架固定，更美观，安全性更高，而价格上也占据了绝对优势。BIPV 光伏建筑一体化作为建筑光伏的

新方案，在安全性、观赏性、便捷性和经济性方面都具备一定优势，BIPV 的发展历程大致分以下三个阶段，如图 5-4-3 所示。

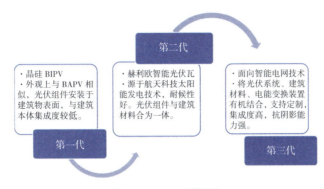

第二代
·赫利欧智能光伏瓦
·源于航天科技太阳能发电技术，耐候性好。光伏组件与建筑材料合为一体。

第一代
·晶硅 BIPV
·外观上与 BAPV 相似，光伏组件安装于建筑物表面，与建筑本体集成度较低。

第三代
·面向智能电网技术
·将光伏系统、建筑材料、电能变换装置有机结合，支持定制，集成度高，抗阴影能力强。

图 5-4-3 BIPV 发展历程

 读一读

特斯拉太阳能光伏屋顶（Solar Roof V3）

2019 年 10 月特斯拉发布太阳能光伏屋顶 Solar Roof V3，是"屋顶 + 光伏"的融合，可供全集成化替换，而非单纯的传统光伏产品，该类产品能实现光伏屋顶 25 年生命周期，售价相比 V2 下降 40%，还具有以下特点：

①"屋顶 + 光伏"的融合而非结合，与传统屋顶上铺设光伏不同，Solar Roof 兼具屋顶和发电功能，可以将其作为一种建筑材料。

②更加实用，Solar Roof 将光伏发电装置嵌置于屋顶瓦片中，外观与普通屋瓦无异，且特斯拉还专门设计了定制配件、通风口和天窗，最大限度保障屋顶颜色的一致性与造型美观度。

③更加美观，特斯拉在产品中添加滤光涂层，涂层使得产品仅在垂直角度能看到电池，自地面看向屋顶时，Solar Roof 呈现统一色泽，美观度及屋顶仿真度更高。

3. 光伏建筑一体化应用形式

光伏建筑一体化适用于机场、火车站、医院、厂房、学校、商业大厦、住宅、公寓等建筑物的墙体、楼顶及外墙等地方。目前，BIPV 光伏建筑一体化的应用已经从早期单一的屋顶拓展到建筑的方方面面，主要应用形式有光电墙体、光电采光屋顶、光电幕墙、光电遮阳板等。光伏建筑一体化主要应用形式见表 5-4-4，但不仅限于以下形式。

表 5-4-4 光伏建筑一体化主要应用形式

应用形式	应用要求	应用场景
光电墙体	光伏发电与建筑结合的传统形式多采用太阳能光电支架结构，近年来则直接将光伏组件整合在建筑的屋顶及墙体中，形成太阳能墙	

续表

应用形式	应用要求	应用场景
光电采光屋顶	光电采光屋顶是将电池组件与屋顶融为一体，应用中需满足安全、抗风压、防水和防雷、采光等要求。其中，采光要求是关键，一般透光率设计在10%~50%	
光电幕墙	光电幕墙是将光伏发电系统与幕墙构造技术融为一体。集发电、隔音、隔热、节能、装饰等功能于一体的综合系统	
光电遮阳板	将光伏板作为遮阳构件，在满足遮阳的同时还兼具发电功能，有利于控制和调节室内温度，起到节能减排的作用，丰富建筑外观	

📖 小提示

BIPV 光伏系统设计要点

首先应考虑光伏与建筑的有机融合，即光伏系统与建筑的功能、安全、信息等方面的有机融合。其次结合辐射资源、组件的力学问题、建筑的美学要求、建筑条件与建筑电气统一设计，从而确定组件选用、逆变器选择、并网与接入、消防与防雷、电缆等，以保证电气安全、设计质量，提高光伏系统的效益。

二、光伏小镇

1. 什么是光伏小镇

关于光伏小镇，目前尚没有明确的定义。从国内比较成熟的建设场景来看，光伏小镇就是以某个小区域为单位，结合该区域旅游、文化等特色，集中运用太阳能光伏技术和设备，打造光伏示范基地。不同于大型地面电站、分布式光伏电站，每个光伏小镇都可以看成一个良好的生态综合体，更加注重生活、生产场景的开发建设。

2. 光伏小镇应用案例——嘉兴秀洲高新区光伏小镇

秀洲高新区光伏小镇位于浙江省嘉兴市秀洲区，2019年，秀洲高新区光伏小镇被正式命名为省级特色小镇。该小镇以实现"处处有光伏、家家用光伏、人人享光伏"为理念，是

集光伏研、产、用、学、游等功能于一体的环保
光伏小镇。秀洲光伏小镇如图 5-4-4 所示。

　　"处处有光伏"即光伏特色小镇遍布光伏概
念，小镇中有光伏电站，有光伏厂房，有光伏长廊，
有光伏建筑，有光伏客厅，有光伏会展等，更有
众多光伏产品。"家家有光伏"即光伏特色小镇

图 5-4-4　秀洲光伏小镇

内的制造企业家家用光伏设备，服务企业和社区居民家家用光伏产品。光伏产品是小镇内的
厂房住宅"标配"，成为串起整个小镇的连接线。"人人享光伏"即由于光伏产品的大量应用，
使得光伏特色小镇内每一个人都能享受到光伏应用带来的生活现代智能、成本节约和环境改

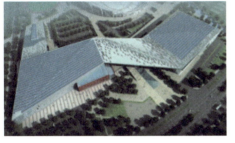

善等价值。

　　在这里，光伏应用渗入了小镇生活，有光伏
树、光伏路灯、光伏车棚以及遍布建筑物屋顶的
分布式光伏电站，还设有国内最具特色的光伏建
筑光一体化项目——秀洲光伏科技馆，如图 5-4-5
所示。同时，秀洲区坚持将光伏理念融入公共基

图 5-4-5　秀洲光伏科技馆

础项目的规划设计之中，除了光伏屋顶、光伏主题公园，还将光伏元素融入生态河道、道路、
公交站台等建设项目，不断丰富光伏在生活中的具体应用。

 读一读

如何降低度电成本（LOCE）

　　随着光伏发电日益蓬勃发展，控制光伏发电度电成本成为投资者的首要考虑因素。在技
术的驱动和综合方案的不断优化下，有效控制度电成本应从提高电池组件的转换效率，提高
系统效率，提高电网智能性等方面着手。

三、太阳能汽车

　　燃油汽车是一个城市的重要污染源头，汽车排放的
废气会导致空气污染，影响人们的健康。因此，一些环保
人士及企业探索发展太阳能新能源汽车。太阳能汽车如图
5-4-6 所示。

　　太阳能汽车是利用太阳能电池将太阳能转换为电能，

图 5-4-6　太阳能汽车

并利用该电能驱动汽车行驶。从某种意义上讲，太阳能汽车属于电动汽车之一，不同的是电动汽车的蓄电池靠工业电网充电，而太阳能汽车的蓄电池是靠太阳能电池充电。相比传统的燃油汽车，太阳能汽车是真正的零排放。正因为其环保的特点，太阳能汽车被诸多国家所提倡，但目前更多的还处于实验阶段，太阳能汽车发展历程如图 5-4-7 所示。

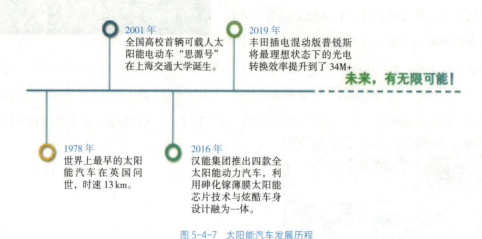

2001 年
全国高校首辆可载人太阳能电动车"思源号"在上海交通大学诞生。

2019 年
丰田插电混动版普锐斯将最理想状态下的光电转换效率提升到了 34M+

未来，有无限可能！

1978 年
世界上最早的太阳能汽车在英国问世，时速 13 km。

2016 年
汉能集团推出四款全太阳能动力汽车，利用砷化镓薄膜太阳能芯片技术与炫酷车身设计融为一体。

图 5-4-7　太阳能汽车发展历程

太阳能是毫无争议的清洁能源，这项技术在汽车领域迟迟没被推广，其原因主要有：在车身上安装太阳能电池板的面积有限，从而很难满足汽车动力系统用电量；太阳能电池光电转换效率低，目前普遍在 20%~30%；未行驶的汽车多数时间处于阴暗的停车库里，太阳能电池板受弱光、阴雨天气、遮挡等因素影响大。虽然目前太阳能汽车还有许多技术需要突破，但取之不尽的太阳清洁能源阻挡不了人们对太阳能汽车的探究步伐。

四、多样化光伏应用场景

当前，光伏行业发展进入新阶段，光伏应用场景种类繁多，如前面介绍的光伏＋农业、光伏＋建筑、光伏＋沙漠等场景，对"光伏＋"模式的创新性提出了新要求，"光伏＋"模式打开了跨产业融合发展的新途径。同时，光伏在通信、大数据、制氢等领域应用中逐步深入。光伏多样化场景见表 5-4-5。

表 5-4-5　光伏多样化场景

名　称	应用场景	图　示
光伏＋制氢	利用光伏发电产生氢气，实现清洁能源生产清洁能源，随着光伏发电和电解水制氢技术的不断提升，助推氢内燃机行业乃至氢能源汽车发展，甚至成为能源结构调整的新选择	

续表

名　　称	应用场景	图　示
光伏 +5G 通信	据报道，随着 5G 技术的应用普及，国内尚有千万个基站需要新建或改造，光伏发电在 5G 通信领域的应用发展潜力巨大	
光伏 + 新能源汽车	随着纯电动汽车量的攀升，光伏充电站、充电桩建设逐步扩大，光伏 + 新能源汽车应用模式将逐渐普及，同时给光伏行业带来了新的机遇	
光伏 + 供暖	打造清洁低碳新能源生活，各地积极推进煤改电清洁供暖工程，人们在享受绿色清洁低碳的生活品质和发电收益外，同时促进了地方经济发展	
光伏 + 大数据	随着互联网、云计算和大数据的加速发展，数据中心产业进入了大规模的规划建设阶段。光伏发电为大数据中心建设提供清洁能源，同时，大数据促进光伏产业升级发展	

『学习总结』

1. 学完本部分内容后，你能讲出几个光伏在建筑中的运用优势？

　　能说出 3 个及以上□　　　能说出 2 个□　　　能说出 1 个□　　　不能说出□

2. 学完本部分内容后，你能讲出几个光伏建筑一体化的应用场景？

　　能说出 3 个及以上□　　　能说出 2 个□　　　能说出 1 个□　　　不能说出□

3. 学完本部分内容后，你对多样化光伏应用场景的理解情况是：

　　完全理解□　　　　　　比较模糊□　　　　　不能理解□

『学习延伸』

多维融合　智赢美好未来

　　面对 2030 碳达峰、2060 年碳中和的目标，在国家大力发展低碳绿色能源的背景下，对新能源提出了更高要求。同时，技术的进步也为光伏发展带来了突破性革命，使得光伏产业链更加智能、高效、经济和环保。在如今智能时代，光伏与电力体制、互联网、大数据相结合，共同推动行业发展。

光伏引领美好未来，需进行多维度融合，如光储融合、设备融合、系统技术与互联网融合、多能源互补融合等多维度融合发展。多维融合发展见表5-4-6。

表 5-4-6　多维融合发展

融合名称	融合内容	融合图示
光储融合	光储融合即光伏发电与储能的融合，可广泛应用于调频调峰、辅助可再生能源并网、微电网及工商业储能等各种应用场合	
设备融合	逆变一体设备中将逆变、配电、通信等设备融为一体；分布式接入系统中将一次开关、通信、检查、计量等设备融为一体	
系统技术与互联网融合	利用智慧能源管理平台实现集成化管理，如数据采集系统与管理系统融合，互联网线上与线下的融合、智能管理分析与远程诊断的融合等	
多能源互补融合	多能源互补融合是指太阳能、水能、风能、地热能等清洁能源的深度融合。在太阳能波动、间歇时可由其他清洁能源提供补充	

其中，光伏储存是光伏发电能源高比例应用的关键支撑技术。光储系统如图5-4-8所示，大容量储能系统参与光伏电站调峰，增强电网柔性，缓解电网压力。目前，我国已经有十几个省份相继出台相关文件要求光伏、风电等新能源电站加装储能系统，储能已经成为新能源标配。光伏储能可灵活应用于发、输、配、用各个环节，在未来电力系统中将是不可或缺的角色，在未来发展中，必将开花结果，渐入佳境。

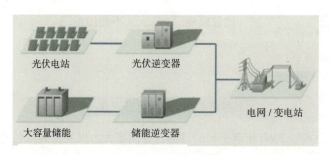

图 5-4-8　光储系统

参考文献
REFERENCES

［1］安东尼奥·卢克，史蒂文·埃热迪等 . 光伏技术与工程手册：原书第 2 版［M］. 王文静，李辉，赵雷等译 . 北京：机械工业出版社，2019.

［2］周继承 . 光伏电池原理［M］. 北京：化学工业出版社，2021.

［3］谷晓斌，李鹍 . 分布式光伏发电并网技能实训教材［M］. 北京：中国电力出版社，2021.

［4］杨金焕 . 太阳能光伏发电应用技术［M］.3 版 . 北京：电子工业出版社，2017.

［5］张兴 . 新能源发电变流技术［M］. 北京：机械工业出版社，2018.